Sous la direction de

Joseph Gabriel ELONG
Denis RETAILLÉ
AMÉLIE-EMMANUELLE MAYI

L'industrialisation par le bas : une autre passerelle de la construction du développement économique au Cameroun

Mélanges en l'honneur de
Aurore Sara Sophie NGO BALÉPA
Volume 1

Préface de
Martin KUÉTÉ

PYGMIES

Impression : Libri Plureos GmbH, Friedensallee 273,
22763 Hamburg (Allemagne)

Ce livre a été réalisé par les éditions Pygmies
Douala, Cameroun
Tél. : +237 677 47 85 55 — +237 677 13 42 11
contact@pygmieseditions.com
www.pygmieseditions.com

Imprimé en France

Dépôt légal.

ISBN : 978-9956-459-12-4

Comité scientifique

Comité de lecture

Sommaire

Préface

Il devient un lieu commun d'affirmer que depuis la révolution scientifique et technique européenne du XVIIIe siècle, l'industrialisation est un maillon essentiel de la politique de tout territoire en construction de sa félicité économique et de sa stabilité sociale. Pendant trois siècles, l'échelle de puissance économique s'est établie à l'importance de la production de biens manufacturés et de la consommation. L'industrialisation est le stimulus de la productivité, elle induit de nouvelles techniques et technologies, crée des emplois, rehausse les compétences de la main-d'œuvre, améliore l'économie formelle. Cette évolution s'est appuyée sur une idéologie capitaliste dont les outrances ont abouti à un nouvel ordre social inique appariant bourgeoisie et prolétariat, à un accroissement de la production et des profits inversement proportionnel aux conditions de travail, à la normalisation du « regrès » social et humain comme envers des progrès technologiques. Pourtant, la valorisation de l'industrialisation en faisait le facteur de la productivité, de la puissance de l'État et du bien-être de la population. Le renversement des hégémonies de l'ordre social capitaliste anime la pensée communiste, sans que celle-ci remette en cause l'axiome conjuguant la puissance industrielle avec la puissance de l'État et l'amélioration des conditions de production. Cet alliage de conséquences vertueuses fera de l'industrialisation la mire des États neufs, et le développement sera le processus qui y conduit. Tézenas (1972) définit le développement en tant qu'ensemble interdépendant des processus de transformation structurelle conduisant à l'amélioration quantitative et qualitative de la situation d'une unité économique. Mais au-delà de l'économie, le développement est aussi instrument de mesure du rapport entre la productivité et le bien-être des populations. Dans ce sens, les quatre variables industries — productivité — consommation — bien-être s'imbriquent. Le développement se définira en conséquence comme la nécessité de produire rapidement, en quantité et en variété des biens intermédiaires et des biens d'équipement pour le besoin d'un marché. Il lui est intrinsèque une idée de domination et d'exploitation.

Toutefois, en poussant la réflexion, pourquoi tant de débats contemporains sur la qualité de vie, sur les problématiques environnementales et sur la justice sociale dans les pays développés ? Assurément, la pensée dogmatique de l'infaillibilité du modèle occidental du développement commence à se fissurer. Ira-t-on jusqu'à mettre sur la sellette le rôle de l'industrie dans l'organisation socioéconomique des communautés africaines ? Ces questions n'exposent-elles pas les stratégies, les actions et les effets des politiques de développement à la vanité ? Toutes ces questions engagent la géographie sociale et économique à son renouvellement. En Afrique et au Cameroun, cette mouvance de déconstruction de la croissance économique et industrielle à tout prix est-elle une réalité ? Pour ne pas aller vite en besogne, l'état actuel des connaissances et des débats permet-il d'affirmer que l'Afrique et les pays en voie de développement ont réellement participé à l'industrialisation pour en assumer les conséquences ? Si oui, suivant quelles modalités ?

Au moment où la révolution industrielle a totalement contaminé les continents américain (USA) et asiatique (Japon), l'Afrique ne demeure nullement productrice et consommatrice marginale des biens industriels. Quelques plantations signalent néanmoins des velléités d'une culture extensive pour la consommation occidentale. Il n'est pas étonnant que lorsque s'implante l'administration coloniale, elle ait eu pour principale mission de renforcer ou de mettre en place un environnement politique et infrastructurel permettant « d'offrir aux intérêts économiques coloniaux des conditions favorables au plein développement de leurs entreprises et surtout à la mise en place de plantations dans les colonies » (Michèle Fark-Grüninger, 1995). Il fallait rechercher des débouchés à la surproduction européenne tout en pensant à l'amélioration des conditions d'approvisionnement de la métropole et de ses entreprises en matières premières à des coûts aussi faibles que possible. Ainsi, au moment où les pays développés font de l'agriculture un secteur secondaire de leur économie, ils y plongent entièrement l'Afrique. Elle y plonge en exposant ses populations à une subalternité, à des sévices pires que ceux de la condition ouvrière occidentale.

Au lendemain des indépendances, les jeunes États africains subsahariens ont repris le modèle économique colonial centré sur une production agricole destinée à l'exportation. Ce pragmatisme a été conceptualisé sous la terminologie développement endogène, vu comme « la solution miracle aux défis, panacée visant à réduire la dépendance vis-à-vis de l'aide extérieure (publique ou privée) » (Philippe Jean Pierre, 2011). Renforcer et développer l'existante ressource économique et l'utiliser pour l'investissement dans l'industrie, dans l'éducation, les infrastructures publiques, les réseaux de télécommunication… semblait présomptueux. L'attitude réactionnaire des pouvoirs postcoloniaux n'indiquait pas une conscience de veiller à l'ouverture économique et à la fluidification des marchés, encore moins celle de repenser l'organisation institutionnelle, les règles, les modes de gouvernance coloniale. Les options économiques adoptées laissent dubitatif quant à leur capacité à réaliser l'obsession du développement. Le régime d'Ahmadou Ahidjo avait vu en le libéralisme planifié s'appuyant sur un développement endogène la vision la plus conforme aux aspirations et aux intérêts de son peuple. Il exhortait par conséquent à un certain interventionnisme de l'État dans la mise en place d'un tissu agro-industriel.

Le secteur agricole locomotive du développement bénéficie ainsi de toutes les attentions de l'État neuf et les activités industrielles sont ses adjuvants. Le 5e plan quinquennal (1981-1985) évoque en 7e objectif la « Promotion de la production, de la transformation et de la commercialisation des produits agricoles ». Les plans directeurs d'industrialisation reposent principalement sur la transformation des produits agricoles et forestiers, sur la transformation des produits miniers dont l'exploitation avait cours (Samuel Biroki, 2021). Somme toute, l'industrie au Cameroun indépendant porte des traces mémorielles de la colonisation et l'État en est le principal acteur. Ces spécificités la préservent-elles des injustices sociales et autres négligences de l'environnement inhérentes à l'industrie occidentale et au productivisme colonial ? Peut-on tout juste augurer de la différence des modalités d'occurrence des problèmes ?

L'urgence de la pensée d'une géographie du développement spécifiquement camerounaise s'impose dès lors qu'il faut décrire et comprendre les acteurs, les logiques décisionnelles et fonctionnelles, les facteurs endogènes et exogènes des politiques dites de développement sur ce territoire. Ces politiques sont dans le présent ouvrage examinées sous le prisme de l'industrialisation. Les urbanistes du département de géographie de la Fondation française de l'enseignement supérieur au Cameroun, puis de l'Université fédérale et, enfin, de l'Université du Cameroun proposaient déjà des contenus d'enseignement relatifs aux politiques industrielles. Toutefois, le recrutement d'Aurore Sara Sophie Ngo Balépa dans ce département va tonifier l'activité scientifique autour de cet aspect du développement. La spécialiste des études industrielles a pu inciter des recherches géographiques dans le domaine, mener des recherches anticipatives et suivre l'évolution de ce secteur embryonnaire néanmoins incontournable au Cameroun.

Les travaux scientifiques de Ngo Balépa ont focalisé sur les faiblesses stratégiques des politiques industrielles au Cameroun. J'ai souvenance d'un article sur le régime de la zone franche industrielle au Cameroun dans lequel elle analysait les apories dans la mise en place de ces espaces, qui devaient pourtant revitaliser les activités industrielles au Cameroun dans la décennie 1990. La chercheure a également travaillé sur une question qui reste d'actualité, celle de la question foncière des espaces aménagés pour l'implantation des industries. L'aménagement de ces espaces figure une très souvent ombrageuse relation verticale descendante entre l'État et les populations. Il s'ensuit une complexité de considérations anthropologiques, juridiques, économiques et même politiques fragilisant les populations et l'autorité de l'État. Par ailleurs, étudier les logiques de localisation des entreprises industrielles au Cameroun autorise la géographe à souligner une lacunaire vision stratégique des acteurs de l'industrie au Cameroun. À ce déficit de vision stratégique, Ngo Balépa ajoute le refus de respecter nombre de valeurs éthiques, dont celle de la protection de l'environnement. L'installation des entreprises industrielles dans les espaces urbains expose aux affres de la pollution des populations bien souvent démunies.

La chercheure a en outre observé l'effet de catalyse des industries nationales sur nos sociétés, avec des mutations de modes de consommation, de profonds bouleversements dans les configurations urbaines et, par effet papillon, des évolutions crisogènes de la ruralité. Les effets négatifs de la quête du développement à partir d'une politique favorable aux industries. Au Cameroun aussi, les discours sur l'augmentation des températures globales, sur l'accélération du rythme d'occurrence des catastrophes naturelles (dont la montée du niveau des océans et ses conséquences sur les zones côtières), sur des sécheresses de plus en plus rudes et récurrentes, sur des tempêtes et des inondations dévastatrices, sont de plus en plus audibles et fondés sur des données empiriques. En effet, bien que les usines aient généré des richesses et une croissance urbaine, les politiques industrielles ne se sont pas toujours adossées sur un efficace aménagement mettant en symbiose l'Homme et son milieu de vie. Les espaces urbains industrialisés du Cameroun ont ainsi été dénoncés comme les lieux d'expression de fortes disparités sociales. La proposition majeure qui émerge des travaux de Ngo Balépa est la nécessité d'une industrialisation par le bas.

En définitive, c'est à des problématiques pluridimensionnelles et sensibles que Ngo Balépa a été confrontée dès le début de sa carrière d'enseignant-chercheur. Aujourd'hui, au crépuscule de cette carrière, ses collègues, ami(e)s et disciples ont tenu, par cet ouvrage, à lui montrer à quel point elle se trouvait au commencement de sens des politiques camerounaises de développement. Surtout, la diversité des questions a illustré la richesse du champ exploratoire d'Aurore Sara Sophie Ngo Balépa, la géographie pour le développement au/du Cameroun :

Que propose le Cameroun pour repenser les liens entre industries et villes, entre usines et riverains ? Alors que le stock des matières premières s'épuise et que ces types de villes ont montré leurs limites, la transition écologique ne devient-elle pas urgente même pour des pays qui se disent « non pollueurs » ? Quels sont les principes de précaution à imaginer et les industries urbaines pouvant s'inscrire dans des démarches plus respectueuses de l'environnement ?

Face à leur intégration dans une forte dynamique économique, quel avenir pour les villes-usines, chantiers de destruction socio-environnementale au Cameroun ? Quelle place accorder à la révolution Internet et aux nouvelles technologies de l'information et de la communication dans l'industrialisation camerounaise ? De façon générale, que dire de la place de l'économie du savoir ? Comment faire la promotion des savoirs dits locaux ou populaires en matière d'industrialisation ?

Au moment où la Professeure Ngo Balépa prend sa retraite, je ne peux que joindre ma voix à celle de mes collègues, amis, étudiants pour lui souhaiter une retraite dorée et méritée. Je lui exprime notre reconnaissance pour sa précieuse contribution au rayonnement de la géographie camerounaise dont elle est la première femme à accéder au rang magistral, et lui signifie que le monde de la géographie reste attentif et sensible à tout ce qu'il lui plaira d'entreprendre pour garder le contact avec cette famille spirituelle.

Au total, c'est avec beaucoup de plaisir que j'ai accepté de préfacer ce premier volume des mélanges consacrés aux effets de l'industrialisation par le bas comme une autre passerelle de la construction du développement économique du Cameroun. Ma satisfaction est proportionnelle au nombre d'années que Ngo Balépa et moi avons passées et à la distance que nous avons parcourue ensemble. J'ai eu tout le temps d'apprécier ses qualités humaines et surtout la figure maternelle qu'elle a été à tout instant.

Martin Kuété
Professeur des Universités, Émérite

Biobibliographie de la Pr NGO BALEPA Aurore Sara Sophie

Présentation sommaire

La professeure NGO BALEPA Aurore Sara Sophie est née le 18 juin 1954 à Ilanga-Eseka. Après de brillantes études primaires à l'école primaire d'Ilanga par Eséka entre 1960 et 1966, elle entre au Collège Évangélique de Libamba par Makak en 1966, puis en septembre 1971 au Lycée de jeunes filles de New Bell à Douala où elle obtient son baccalauréat en 1973. Elle s'inscrit en géographie à l'université de Yaoundé la même année. Un an plus tard, elle s'envole pour la France pour poursuivre les mêmes études à l'université de Haute Bretagne Rennes 2, puis à l'université de Lyon 2 où elle obtient le Doctorat de 3e Cycle en géographie et aménagement en 1984, avec la mention très bien. Son parcours académique est couronné, le 1er juillet 2013, par la brillante soutenance d'une Habilitation à diriger des recherches (HDR) à l'Université Michel de Montaigne (Bordeaux 3), sous l'encadrement du Professeur Denis RETAILLÉ. **Elle est ainsi la première camerounaise à accéder au rang magistral en géographie**.

Il y a lieu de souligner qu'elle revient au pays après la soutenance du Doctorat de 3e Cycle et est recrutée au département de géographie de l'Université de Yaoundé. De mars 1995 à novembre 2005, la professeure NGO BALEPA Aurore Sara Sophie a occupé le poste de chef de service des enseignements à la Faculté des arts, lettres et sciences humaines de l'université de Yaoundé I. Elle poursuit sa carrière à l'Université de Douala où elle a occupé, de novembre 2005 à juin 2020, le poste de cheffe de département de Géographie. Elle a également été, de novembre 2005 à mars 2013, vice-doyenne chargée de la programmation et du suivi des activités académiques (VD/PSAA) à la Faculté des lettres et sciences humaines de la même université.

Pendant sa carrière académique, elle a dispensé des enseignements axés notamment sur les ressources naturelles et leurs enjeux socio-économiques et environnementaux, l'industrialisation (géohistoire et enjeux socio-économiques et environnementaux) ; les mutations et les dynamiques liées aux activités économiques dans les espaces ruraux et les espaces urbains ; l'aménagement du territoire ; le développement régional ; les logiques des acteurs de développement ; la production et la consommation de l'énergie électrique ainsi que leurs répercussions économiques, sociales et environnementales.

Activités de recherche

Membre du Laboratoire de recherche en géographie, territoires et environnement de la Faculté des lettres et sciences humaines de l'Université de Douala, la Pr NGO BALEPA Aurore Sara Sophie est également membre de l'Association d'écologie humaine (AEHA). Elle a participé aux activités du Groupe d'études et de recherche en économie appliquée (GEREA) et du Centre de recherche sur le développement local et spatial (CREDLOS) de l'Université de Yaoundé II.

Ses axes de recherche portent sur l'industrialisation et le développement, la vision territoriale de l'industrialisation du Cameroun, la problématique spatiale du développement économique et social au Cameroun et les enjeux environnementaux des activités économiques.

Ouvrages publiés

- 2019 : *Industrialisation et développement : dynamiques d'industrialisation, effets induits et perspectives au Cameroun*, Éditions CLÉ, Cameroun, 220 p.
- 2016 : A. S S. Ngo Balepa, M. Moupou, B. Mougoué, Z. Nji Fogwe, P. Tchawa (dir), *Pour une géographie rurale de l'action. Mélanges en hommage au Professeur Joseph Gabriel Elong*, Éditions CLÉ, Yaoundé, 772 pages.

Articles et chapitres d'ouvrages

- 2023 : « Ressources naturelles et développement industriel durable au Cameroun », pp. 267-284 in Roger Ngoufo, Paul Tchawa et Moise Tsayem Demaze, (dir) *Environnement tropical et développement territorial : pour une géographie décloisonnée et appliquée, en l'honneur du professeur Serge Morin,* L'Harmattan, Paris, Études Africaines, Série Environnement, 544 p.

- 2016 : « Le développement de la campagne camerounaise par l'industrialisation : enjeux et contraintes de la transformation des produits agricoles locaux », Ch. 5, pp. 75-90, in A. S. S. Ngo Balepa et alii, *Pour une géographie rurale de l'action. Mélanges en hommage au Professeur Joseph Gabriel Elong,* Éditions Clé, Yaoundé.
- 2013 : Avec J. R. Essombe Edimo Nya Bonabébé. « Bonabéri à Douala : dynamiques de localisation des entreprises et congestion d'un espace de déconcentration industrielle », *Revue Subsaharienne d'Économie et de Finance*, 5e année, Numéro 4, 2013, p. 45-76.
- 2012d : « Le régime de la zone franche industrielle au Cameroun (ZFIC) : Résultats mitigés d'une stratégie d'industrialisation porteuse d'espoirs ». *Les Cahiers d'Outre-Mer, Cameroun, N° 259, Vol. 65, juillet-septembre 2012, Presses Universitaires de Bordeaux (PUB),* p. 339-369.
- 2012c : « Rejets industriels polluants et effets environnementaux à Minkwèlé, (Douala, IVe arrondissement) ». *Dynamiques environnementales, 29, 2012,* Presses Universitaires de Bordeaux (PUB), LGPA-Editions, Université de Bordeaux 3, pp. 135-143.
- 2012b*: "Industrial dynamics and urban spatial structuring in Douala". African* Journal of Social Sciences, A multidisciplinary journal of social sciences, Faculty of Social and Management Sciences, University of Buea, Volume 3, Number 3, September, 2012, p. 43-57.
- 2012 a : « Dynamique récente de la culture du palmier à huile sélectionné et Problématique d'un développement durable dans l'arrondissement de Ngog-Mapubi (Cameroun) ». Chapitre 13, p. 147-156 in Maurice Tsalefac et Pierre Kamdem (dir), *Les mutations socio- spatiales au Cameroun : Mélanges en hommage au Professeur Jean-Louis Dongmo,* IRESMA Publications, Paris, 327 p.
- 2011 : « Dynamique, logiques de localisation des entreprises industrielles et effets économiques, sociaux et spatiaux induits à Bafoussam (Cameroun) », *Annales de la Faculté des Arts, Lettres et Sciences Humaines,* Université de Yaoundé I, Vol.1, N° 13, nouvelle série, p. 231-255.
- 2010 : « Enjeux et perspectives des conflits fonciers dans l'Arrondissement de Sa'a (Département de la Lékié, Cameroun) ». Chapitre 23, p. 313-330 in *Regards multidisciplinaires sur les conflits fonciers et leurs impacts socio-économico-politiques au Cameroun.* Département de géographie, Université de Montréal.

- 1990 : « L'Équipement hydroélectrique du Cameroun », *Revue de Géographie du Cameroun Vol. IX N°s 1 et 2*, p. 68-80.

Communications à des colloques

- 2009 « Pollution industrielle et risques sanitaires à Bonabéri ». Colloque international sur le thème central : *L'interface environnement-santé dans la ville africaine à l'aube du 21e siècle : enjeux et perspectives.* Association d'Écologie Humaine (AEHA), Yaoundé, 02-05 décembre 2009.
- 2008 « Les logiques d'implantation des entreprises industrielles et leurs conséquences spatiales : quelques études de cas sur l'espace industriel du Cameroun ». *Deuxièmes journées scientifiques du Groupe d'Études et de Recherches en Économie Appliquée (GEREA), Douala, du 24 au 27 juin 2008.*
- 2004 « La géographie camerounaise : Bilan et perspectives à partir des mémoires et thèses soutenus au Département de Géographie de 1971 à 2001 ». Colloque international de Géographie de Dschang au Cameroun sur le thème : *La Géographie camerounaise face à elle-même et à l'ère du numérique. Pour quel développement ?* Dschang, du 25 au 30 mai 2004.
- 2000 « Femmes et développement dans la société caféière en mutation dans les Hautes Terres de l'Ouest du Cameroun » avec Nkakanou Yvette. Colloque sur le thème : *Caféiculture paysanne, dynamique spatiale et mutations socio-économiques »,* Université de Dschang, 26-29 novembre 2000, communication non publiée.
- 1996 « Mutations des palmeraies villageoises et impacts environnementaux dans l'arrondissement de Makak », *Premières journées géographiques du Cameroun sur le thème « Le géographe, l'environnement et le développement dans le Tiers Monde : bilan et perspectives* ». Université de Yaoundé I, Cameroun, 26-30 novembre 1996.

Expertises opérationnelles significatives

- 2016-2019 : Avec le MINEPAT, STUDII, IDEA CONSULT : Expert industrie et tourisme dans l'élaboration du schéma national d'aménagement et de développement durable du territoire du Cameroun (SNADDT).

- Mai 2009-juin 2010 : *Scientific Report in relation to socio-economic appraisal of KOSMOS activities in the Ndian River Block, South-West Region, Cameroon.*
- Novembre 1996 : Participation à l'organisation et à l'animation « des premières journées géographiques internationales du Cameroun », Yaoundé, du 26 au 30 novembre 1996, sur le thème, « Le géographe, l'environnement et le développement dans le Tiers Monde : bilan et perspectives ».

Au Laboratoire de recherche en environnement et développement durable de la Faculté des lettres et sciences humaines de l'Université de Douala, la Pr NGO BALEPA Aurore Sara Sophie a encadré huit thèses effectivement soutenues et quatre sont, au moment où ces hommages lui sont rendus, en cours de finalisation. Elle a également à son actif 23 mémoires de maîtrise, de master (recherche et professionnel) et de DEA dirigés depuis 2008, 26 mémoires de maîtrise et de DIPES II dirigés de 1993 à 2008, l'ensemble soutenu publiquement. Dans l'ensemble donc, près d'une cinquantaine de travaux dirigés qui, avec les quatre articles encadrés dans le campus de chercheurs du *Think Do Tank The Okwelians* entre septembre 2022 et février 2024, témoignent d'un apport substantiel à la recherche, la valorisation de la recherche et à l'appui au développement.

La Pr NGO BALEPA Aurore Sara Sophie revendique aussi une participation à une vingtaine de jurys de soutenance de thèse et d'habilitation à diriger les recherches (HDR) depuis 2015. Elle a également à son actif plusieurs activités de valorisation pédagogique professionnelle en ingénierie de l'environnement et du développement durable (niveaux licence et master). À l'IPD/AC à Douala, elle participe, depuis 2013, à la présidence des jurys de soutenances de travaux de recherche en masters et autres sessions pédagogiques.

Introduction générale

Joseph Gabriel Elong
Université de Douala
gelongue49@gmail.com

À la veille des indépendances, la plupart de pays du Sud dont le Cameroun avait une essentielle préoccupation économique : se définir une stratégie adéquate de passage de la réalité coloniale à une économie pour le développement. L'idée du développement correspondait à la prospérité du pays et donc à l'atteinte d'un remarquable niveau de croissance. Le Cameroun, avec un niveau d'industrialisation embryonnaire, devrait sortir du stade de la production avec des moyens ancestraux et traditionnels pour se mettre sur le chemin de la modernité. La modernité signifiant la densification de son secteur industriel. La théorie de Rostow (1960) apporte une explication du processus de sortie du sous-développement. Son modèle de croissance par étapes, une théorie de la croissance économique structuraliste, décrit en effet que la croissance et le développement économique et social des pays suivent toujours la même trajectoire. Cette théorie de la croissance par étape établit cinq phases, de durées différentes, dans le processus d'élévation du niveau de richesses d'un pays : (i) la société traditionnelle, (ii) les conditions préalables au démarrage, (iii) le démarrage, (iv) le progrès vers la maturité et (v) l'ère de la consommation de masse. Rostow considère que le décollage économique n'est pas le fait de la croissance de l'intégralité des secteurs d'activité de l'économie, mais d'un petit nombre dont l'industrie.

De 1960 à la crise qui a affecté de façon structurelle l'économie du Cameroun au cours de la décennie 1980, l'État met en place les conditions de démarrage de l'activité économique et s'assure de son effectivité. Il déploie une stratégie de développement avec pour objectif de faire décoller les secteurs de l'économie capables de porter la croissance. Le jeune État indépendant a opté pour une planification quinquennale qui devait permettre de rompre avec les structures économiques conçues au profit de l'empire colonial. Six plans quinquennaux sont ainsi élaborés (Amougou, 2018). Le premier plan quinquennal (1960-1965) qui avait pour objectif de doubler le revenu national par habitant en visant un taux de progression de 4,6 par an portait essentiellement sur les infrastructures (45,8 % des investissements) et le développement rural (18,8 %), pour un volume d'investissements prévus de 53,18 milliards FCFA. Le deuxième plan quinquennal (1966-1971), qui se situe dans la continuité du premier, se propose de renforcer les structures économiques en se consacrant au financement du secteur rural (production du cacao et du café surtout), des secteurs industriel et énergétique, en plus du développement des infrastructures, notamment le ferroviaire avec le Transcamerounais (Touna Mama, 2008). Le tissu industriel s'élargit avec la mise en place de Sosucam, Chococam, d'unités industrielles, textile et métallurgique. Malgré les objectifs de développement autocentré, le quatrième plan quinquennal (1976-1981) maintient le cap de l'industrialisation du Cameroun. Le secteur industrie-énergie se taille donc la part du lion avec 31 % des investissements contre 17,2 % au secteur rural, 21,6 % aux infrastructures et 6,65 % aux services sur un volume d'investissements prévus de 725,232 milliards. La priorité est également accordée au développement de la recherche et de l'exploitation minière. C'est pendant cette période que sont réalisés les barrages de Songloulou, Lagdo et Bamendjin et prévues les extensions d'Alucam, de Cimencam, la création de Cellucam (industrie papetière) et la construction, plus tard, du complexe agrochimique d'Hevecam à Niété, non loin de Kribi (Amougou, 2018). Le cinquième plan quinquennal (1981-1986) pour sa part explore les acquis et se projette vers les perspectives de développement à l'horizon 2020. Avec l'avènement de la crise qui contraint l'État camerounais à l'adoption des Programmes d'ajustement structurel (PAS), le sixième plan quinquennal ne prend pas véritablement ses marques. On parle d'ailleurs de mort-né. Cependant, force est de constater, durant cette période, que le PIB croît à un rythme moyen de 4 % l'an. Cette croissance était légèrement supérieure à l'accroissement démographique et assurait une lente amélioration de la consommation par tête. Elle était donc qualifiée d'harmonieuse. Tous les secteurs d'activité gagnent plus de 3 % en volume, avec un maximum de 5,1 % dans le secteur manufacturier. Seul le secteur agro-exportateur est à la traîne. Les termes de l'échange agriculture-industrie restent stables sur la période au Cameroun, contrairement à de nombreux pays en développement ayant mis en œuvre une politique d'industrialisation forcée (Roubaud, 1992, p. 54).

Malgré l'arrêt brutal du processus de planification du développement, force est de constater qu'à la fin du quatrième plan quinquennal, les bases de l'industrialisation du Cameroun sont posées, avec le développement des premières grandes industries et du secteur énergétique en support. Cette décennie d'industrialisation a été portée par de nombreuses institutions d'accompagnement : le Centre d'assistance aux petites et moyennes entreprises (CAPME) créé dès 1970, le Fonds d'aide et de garantie aux PME (FOGAPE) mis en place en 1975, ainsi que la Société nationale d'investissement (SNI) créée quant à elle en 1964. La Société camerounaise des engrais (SOCAME) créée en 1973, la Cameroon Sugar Company (CAMSUCO) et la Société de développement du blé (SODEBLE) sont créées en 1975, la Cellulose du Cameroun (CELLUCAM) en 1976 ainsi que la Société nationale de raffinage (SONARA) en 1976 (Pokam Kamdem, 2013) posent comme modèles industriels de cette stratégie.

Lesdites industries, mises en place entre 1975 et 1985, considérées à juste titre comme des « éléphants blancs » et érigées en symbole du décollage industriel (Pokam Kamdem, 2013), allaient en droite ligne avec les théories promues par les institutions de *Bretton Woods* : la modernisation du pays devait passer par la mise en place et le renforcement des structures de production. Cette dynamique industrielle était idéologiquement encadrée par le libéralisme planifié et le développement autocentré, fondements de la politique économique camerounaise.

Cependant, à cause de la crise économique déclarée en 1987, le Cameroun et son secteur industriel vont connaitre une intense récession (République du Cameroun, 1993). Une nouvelle ère de l'industrialisation s'ouvre et les principaux acteurs vont rapidement se mettre d'accord sur le fait que la grande industrie lancée au milieu de la décennie 1970 n'avait pas de bases solides pour résister à quelque crise. Dès 1984, le Code des investissements mis sur pied encourage la création des PME/PMI, considérant ces dernières comme base du développement industriel du Cameroun. C'est ainsi que la seconde moitié de la décennie 1980 est consacrée aux PME/PMI, aussi bien dans les aménagements du code des investissements que dans le discours politique (Pokam Kamdem, 2013).

En pleine crise, le Cameroun adopte, avec l'appui de l'Organisation des Nations unies pour le développement industriel (ONUDI), un plan directeur d'industrialisation (1987). Ce document visait à renforcer la stratégie de développement industriel par la promotion des PME/PMI, qui devenaient ainsi un axe majeur de l'industrialisation du Cameroun, même si cette politique d'industrialisation par les PME est restée sommaire au cours de la décennie 1990, du fait d'un contexte économique marqué par contraction des finances publiques et le désengagement de l'État camerounais des secteurs productifs (Pokam Kamdem, 2013).

Il faudra attendre le début de la décennie 2000, pour voir de réelle politique en faveur de l'industrialisation du Cameroun. La Loi N° 2001/004 du 19 avril 2002 portant charte des investissements confirme le choix d'une économie de marché opéré par le Cameroun et opérationnalisé avec la libéralisation des années 1990. Les documents principaux de planification du développement du Cameroun, notamment le *Document de stratégie de réduction de la pauvreté* (DRSP) adopté en 2003, le *Document de stratégie pour la croissance et l'emplo*i (DSCE) adopté en 2009 et la *Stratégie nationale de développement 2030* (SND) adoptée en 2020, faisaient la part belle à l'industrialisation du Cameroun. Dans la matérialisation de ces outils de planification, parallèlement à la politique des grandes réalisations, et pour soutenir une industrialisation en manque de repère malgré des décennies d'existence, le Cameroun se lance dans la mise en place des infrastructures structurantes. On peut citer entre autres la construction de barrages et centrales hydroélectriques (Lom Pangar, Nachtigal, Song Ndong, Song Mbengue, Kikot, Memve'ele, Bini ...), des complexes miniers (exploitation du fer de Balam, exploitation de l'or à Bétaré Oya...), la construction du port en eau profonde de Kribi...

De cette anamnèse des stratégies camerounaises d'industrialisation et développement, il est évident qu'elles n'ont pas permis de juguler la question de pauvreté et des inégalités sur le territoire camerounais. L'industrie camerounaise sort certes de la dialectique de l'ouvrier et du bourgeois, elle ne génère pas d'autre idéologie que le nationalisme, cependant son développement est insuffisant pour inverser la précarité de l'environnement économique. En s'inscrivant dans le modèle de développement autocentré, les politiques publiques ont voulu ouvrir la voie à la contribution des « acteurs du bas » au processus d'industrialisation du Cameroun. Des théories du développement par le bas, proposant des solutions dans lesquelles les bénéficiaires seront également acteurs de leur développement économique, ont donc émergé avec, notamment, la promotion des comités de développement au milieu des années 1970 ou l'émergence du cadre associatif au début des années 1990. L'orientation de l'initiative industrielle dans le sens de l'horizontalité signifie la mise en place d'une économie participative, avec des solidarités entre acteurs. Elle fait le pari de la proximité et donc de la diversité, puisque la production industrielle est censée s'adapter aux besoins de la communauté puisqu'elle est initiée par celle-ci. Comment l'industrialisation par le bas peut-elle être une passerelle de la construction du développement économique durable au Cameroun ?

Les présentes contributions à cette problématique ont une certaine osmose, mais pour être opératoire, l'option a été de les regrouper en trois axes thématiques. Le premier examine les pratiques agro-industrielles des communautés locales au Cameroun. L'agriculture avait une place de choix dans l'exploitation des ressources des territoires coloniaux. Une agriculture de rente qui limitait le rôle des indigènes à la culture, à l'extraction et à la vente de la matière première. Tout un appareil coercitif les dissuadait de la transformation de produits destinés à l'exportation ou aux grandes industries. Aujourd'hui, les communautés locales font la preuve de leur résilience en s'investissant dans des petites unités de transformation de leurs produits agricoles. Thomas-Eric Ndjogui en fait le point à travers deux articles consacrés à la culture du palmier à huile : *les savoirs locaux et le développement de l'industrie de l'huile de palme au Cameroun* et *l'industrialisation et transformation structurelle de la filière huile de palme au Cameroun : état des lieux et perspectives de développement durable*. La transformation semi-industrielle de l'huile de palme et les retombées socio-économiques pour les acteurs du secteur palmier à huile a également intéressé Joseph Gabriel Elong et François Arnaud Epanda Edimo. Les proto-industries agricoles ont substantiellement amélioré le revenu des agriculteurs locaux certes, mais il convient d'admettre que l'industrie globalement a la faculté de modifier la configuration d'un territoire. Le second axe s'attache aux valeurs axiologiques et téléologiques de l'industrialisation sur territoire. Deux situations conflictogènes ressortent la sensibilité de l'aménagement du territoire d'implantation lors de la mise en place d'une politique industrielle, surtout quant à des communautés fortement paupérisées. Hervé Tchékoté, Chapgang Noubactep et Daniela-Priscele Mendo Nguema signalent un processus de déterritorialisation des communautés locales de Kribi face à l'industrialisation. Louis Bernard Tchuikoua et Noëlle Georgette Ongue Pezzana font état des enjeux stratégiques d'inclusion pour une industrie poumon économique d'un territoire rural. Il parait une quadrature du cercle pour ces industries d'investir dans la production d'une énergie propre et amortir cet investissement, s'impliquer dans l'amélioration des conditions de vie des populations en leur fournissant de l'électricité tout en rentabilisant cette activité… *Les bénéfices de l'autonomisation en énergie de l'industrie sucrière SOSUCAM et freins à l'autonomie énergétique à Mbandjock (Cameroun)*, de même que l'article d'Eléazar Tchemtchoua,

Isaac Roger Tchouamo et Joseph Gabriel Elong sur les micro-unités de transformation du cacao, reviennent sur l'inextricable relation entre l'industrie et son environnement socioéconomique d'implantation. Comment mettre en symbiose les intérêts des populations et le développement industriel ? Plusieurs articles précédemment énoncés exploraient déjà l'idée d'une industrialisation socialement juste et respectueuse de l'écologie, mais nous en avons arbitrairement sélectionné trois pour les ambitions de développement durable de l'industrialisation camerounaise. Jean-Baptiste Dimbo Ndama jette la lumière sur la transformation des produits halieutiques sur les îles Manoka et sa contribution à l'autosuffisance de la consommation de la métropole voisine. L'article *The way forward for an equitable and sustainable partnership between oil palm smallholders and agro-industries in Cameroon* (Nkongho Raymond Ndip et Patrice Levang) montre que la transparence et le dialogue instaurent une démocratie économique et des solidarités vitales pour la petite et la grande industrie. Enfin, la place de la redynamisation du secteur agricole à l'intérieur du plan directeur d'industrialisation (PDI) du Cameroun de 2017 a été analysée par Joseph Gabriel Elong.

Dans son Habilitation à diriger des recherches (HDR) présentée en 2013 à l'université de Bordeaux 3, après avoir dressé un bilan « mitigé » des opérations lourdes et mal reparties sur le territoire national du Cameroun, principalement localisées selon la contrainte de l'exportation « minière » (extraction, transport), Aurore Sara Sophie Ngo Balépa concluait son dossier en insistant sur la pertinence de l'industrialisation conduite au sein des petites voire très petites entreprises. C'est l'industrialisation par le bas. Associer notamment petite industrialisation et agriculture répond à la proposition d'une industrialisation par le bas. La plupart des contributions de ce volume 1 renforcent donc cette vision basale d'une école qui peut d'ores et déjà se dire de Douala.

Bibliographie

Amougou Gérard, 2018. « Esquisse d'histoire des politiques de développement au Cameroun : Un regard contextuel », Working Paper « Developmental State Strikes Back ? », Vol. 2, consulté le 2 janvier 2023, URL : https://devstate.hypotheses.org/files/2019/01/Ge%CC%81rard-AMOUGOU-Politiques-de%CC%81veloppement-Cameroun.pdf

Échaudemaison Claude-Danièle, Bernard Michel, Chartoire Renaud, Joubert-Mellet Gaëlle, Leblanc Olivier, Pehaut Gérard, Sauvin Thierry, Silvano

Jacques, Soin Robert, 2018. *Économie aux Concours des Grandes Écoles, Économie, sociologie et histoire du monde contemporain (ESH)*, Format : ePub 3, Nathan, 656 p.

Ngo Balépa Aurore Sara Sophie, 2016. « Le développement de la campagne camerounaise par l'industrialisation : enjeux et contraintes de la transformation des produits agricoles locaux », p. 75-90, *in* Ngo Balépa et *al.*, *Pour une géographie rurale de l'action*, Mélanges en hommage au Professeur Joseph Gabriel Elong, éd. CLÉ, Yaoundé, 772 p.

Pokam Kamdem Moïse Williams, 2013. « L'industrialisation du Cameroun : 50 ans d'une méthode des essais et erreurs », in Fomethe A. (dir.), *Cinquantenaire de l'indépendance et de la Réunification du Cameroun. Bilan, enjeux et perspectives*, Actes du Colloque de Dschang, 10-12 mai 2010, Dschang, Presses Universitaires de Dschang, p. 304-333

République du Cameroun, ministère du Plan et de l'Aménagement du Territoire, 1993. « L'industrie camerounaise dans la crise 1984-1992, DIAL/Paris ; DSCN/MINPAT, 16 p.

Rostow Walt Whitman, 1960. *Les étapes de la croissance économique*, trad. fse par Marie-Josèphe Du Rouret, Paris, Le Seuil, 1962, 208 p.

Roubaud François, 1992. « Le "modèle" de développement camerounais 1965-1990 : de la croissance équilibrée à la crise structurelle », *in* Courade Georges (éd.), 1994, Le *village camerounais à l'heure de l'ajustement*, Paris, Karthala, p. 52-72

Taey-Gyun Park, 2006. *«* W. W. Rostow et son discours sur l'économie en Corée du Sud dans les années 1960 *», Histoire, Économie & Société*, Vol. 25, N° 2, p. 281-289

Touna Mama, 2008, *L'économie camerounaise. Pour un nouveau départ*, éd. Afrédit Yaoundé, 472 p.

Tremblay Suzanne, 1999. « Du concept de développement au concept de l'après-développement : trajectoire et repères théoriques », Coll. « Travaux et études en développement régional », Université du Québec à Chicoutimi, 49 p.

PREMIÈRE PARTIE

L'INDUSTRIALISATION PAR LE BAS : PASSERELLE POUR UN DÉVELOPPEMENT AGRO-INDUSTRIEL COMMUNAUTAIRE

La transformation semi-industrielle de l'huile de palme dans l'arrondissement de Kékem (Haut-Nkam, Ouest-Cameroun) et les retombées socio-économiques pour les acteurs du secteur palmier à huile

Joseph Gabriel Elong
Université de Douala
gelongue49@gmail.com

François Arnaud Epanda Edimo
Université de Yaoundé 1
francoisepanda09@gmail.com

Depuis les années 1960, le Cameroun a fondé son économie sur l'agriculture. Cette activité économique occupe 67 % de la population active et participe pour 35 % à la formation du PIB. Elle est surtout dominée à 97 % par les exploitations paysannes, c'est-à-dire des structures de production fragiles, très sensibles aux risques (Yemmafouo, Yonta Nogheu, 2016). L'arrondissement de Kékem était l'un des bassins de production agricole qui avaient axé leur économie essentiellement sur la culture du café robusta et dans une moindre mesure sur la cacaoculture avant 1990. Avec la crise caféière, les paysans « kékemois » ont opté pour la culture du palmier à huile, une plante qui a permis d'oublier, progressivement, « l'arbre à argent » (Morin, 1996), qui s'était transformé en « arbre des malheurs multiformes » (Epanda Edimo, 2012). L'arrivée des presses à noix motorisées à Kékem, au début des années 2000, a boosté la production de l'huile de palme. Ainsi naquit une typologie d'acteurs agricoles dont plus de 80 % des revenus proviennent du secteur palmier à huile. En revanche, ces acteurs sont pour la plupart des personnes qui n'avaient aucune expérience dans la pratique des cultures industrielles, en l'occurrence la culture du palmier à huile. Cette étude entend vérifier l'hypothèse selon laquelle l'introduction des presses à noix motorisées à Kékem a boosté la culture du palmier à huile et, par conséquent, la production de l'huile de palme, améliorant ainsi les sources de revenus des acteurs agricoles dans la région. Pour mener à bien ce travail, nous nous attardons, d'une part, sur les étapes de la transformation semi-industrielle des noix de palme en huile de palme. D'autre part, nous nous appesantissons sur les retombées socio-économiques pour les différents acteurs intervenant dans le secteur palmier à huile.

I. Zone d'étude et méthodologie

A. Zone d'étude

Notre étude porte sur l'arrondissement de Kékem, l'un des six arrondissements du département du Haut-Nkam, dans l'Ouest du Cameroun (*cf.* figure 1). Cette plaine intramontagnarde située entre les vieux massifs du Moungo et les Hautes Terres de l'Ouest, présente des atouts faisant d'elle un grand bassin de production agricole (Tsaléfack, 1999). Kékem reçoit environ 1 800 mm/an de précipitations et la température moyenne y est d'environ 24 °C. Cette combinaison d'éléments fait de ce lieu, un milieu favorable aux activités agricoles.

B. Méthodologie de recherche

Pour atteindre notre objectif dans cet article, la démarche dite hypothético-déductive a été utilisée. Cette démarche, selon Bailly et *al.* (1991), suppose « la déduction qui part des propositions initiales, provisoires et modifiées après vérification et qui permet de poser les problèmes au cœur même du sujet ou des systèmes, de s'appuyer sur une logique de raisonnement clairement indiquée et comprise ». En plus de cette démarche, les quatre étapes du raisonnement géographique ont permis de mieux palper les réalités de terrain (observations directe et indirecte), de comprendre l'impact des presses motorisées sur l'accroissement de la production de l'huile rouge (analyse) et les résultats obtenus ont fait l'objet d'une interprétation qui correspond à la quatrième étape.

C. Collecte et traitement des données

La collecte des données s'est faite sur la base des questionnaires pour ce qui est des données quantitatives et des guides d'entretien semi-directif. Les données sur lesquelles porte cette étude ont été collectées au cours d'enquêtes de terrain effectuées entre 2016 et 2017, dans les six groupements de l'arrondissement de Kékem. Trois modes de collecte des données ont été utilisés : l'entretien, le recueil des données documentaires et l'observation directe. L'exploitation des données secondaires et empiriques a permis, en outre, de mieux comprendre les incidences spatiales des presses motorisées. Au total, 700 questionnaires ont été administrés auprès des paysans. Les données quantitatives ont été traitées à partir du logiciel SPSS, celles qualitatives l'ont été manuellement et les données cartographiques ont été traitées à partir des logiciels de cartographie tels que QGIS 2.18.0 et QGIS 3.4. Les données ainsi collectées ont fait l'objet de classifications et de traitements statistiques en vue de mieux cerner et éclaircir des analyses et commentaires. De plus, quelques photographies ont été prises afin de mieux illustrer divers résultats.

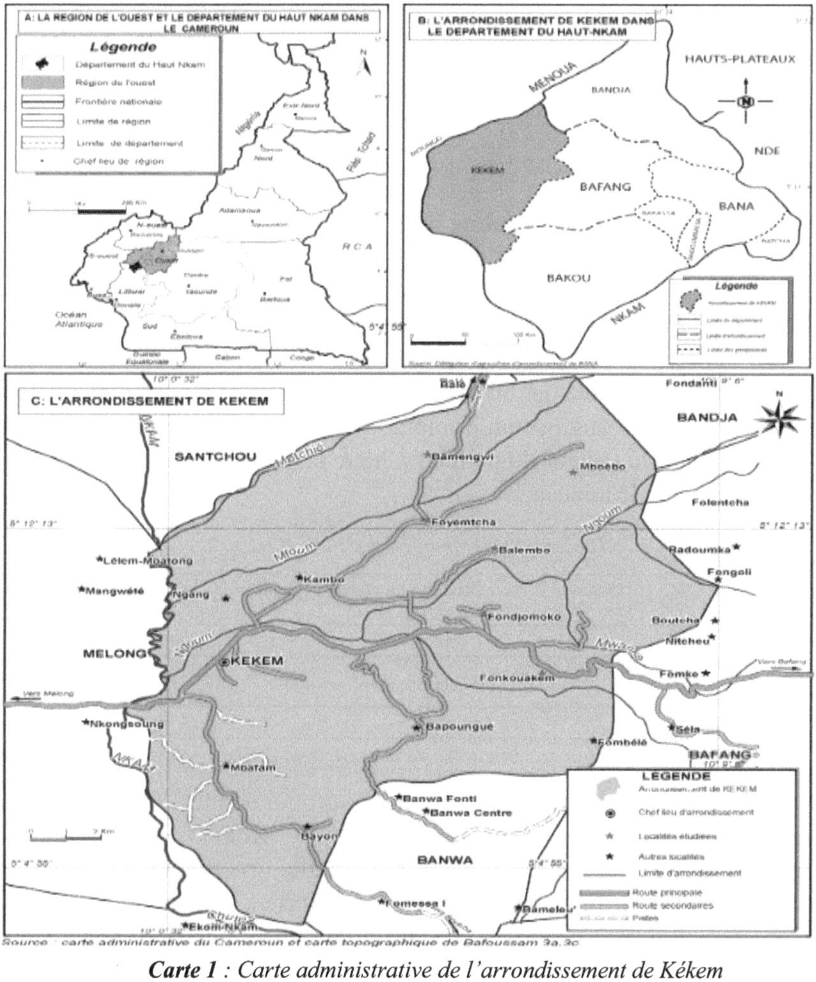

***Carte 1** : Carte administrative de l'arrondissement de Kékem*
Source : Adaptation, carte topographique de Bafoussam, 3a et 30c 1984, INC

II. L'état des lieux de la production d'huile de palme à Kékem de 1984 à 2017

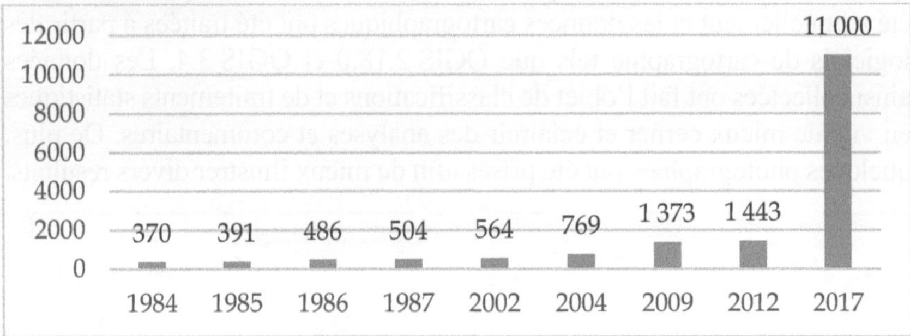

Figure 1 *: État global de la production d'huile de palme à Kékem de 1984 à 2017 en Tonnes*
Source : Rapport de la DAAK et de la DAADRK, 1985 à 2017 ; Enquêtes de terrain, août 2017

La production d'huile de palme dans l'arrondissement de Kékem a augmenté timidement pendant près de 20 ans : elle est passée de 370 t en 1984 à 769 t en 2004. Mais, avec l'intensification de la culture à partir de 2004 et surtout l'apparition des presses motorisées dès 2008, la production d'huile de palme a doublé. En 2012, elle est passée à 1 443 t. La production, cinq ans plus tard, sera multipliée par huit et atteindra environ 11 000 t sur 10 000 ha de palmeraie. Cette augmentation rapide de l'œuvre des différents acteurs intervenant dans le secteur du palmier à huile et l'innovation technologique comme le montre le tableau 1.

Tableau 1 : Production d'huile à Kékem

	Quantité d'huile produite dans les pressoirs en pierre	Quantité d'huile produite dans les pressoirs motorisés
Un fût de noix Dura	17 à 21 litres	25 à 28 litres
Un fût de noix Déli dura	25 à 30 litres	35 à 45 litres
Un fût de noix Tenera	50 à 55 litres	70 à 80 litres

Source : Enquêtes de terrain, août 2016

Au regard du tableau 1, on comprend pourquoi depuis l'apparition des presses motorisées dans l'arrondissement de Kékem, la production d'huile de palme a crû de manière exponentielle. En effet, on est passé de 21 litres d'huile par fût dans les pressoirs en pierre à 28 litres d'huile dans les presses motorisées, pour la variété « Dura ». En ce qui concerne la variété « Tenera », on est passé de 55 à 80 litres.

III. Les étapes de la transformation des noix de palme en huile de palme à Kékem

Dans l'arrondissement de Kékem, il existe deux principaux types de lieux de transformation des noix en huile : les pressoirs en pierre et les pressoirs motorisés. Ces pressoirs se distinguent aussi bien au niveau de leur forme et de leur fonctionnement qu'au niveau de la quantité d'huile produite.

A. La stérilisation des noix de palme

Après l'égrappage et le transport des fruits, commence la stérilisation (cuisson). Cette activité consiste à cuire les noix de palme dans des fûts de 200 à 250 litres. Elle permet de faciliter la séparation de la pulpe de la noix et éviter l'acidité de l'huile en raison de sa précédente fermentation. Il faut noter que pendant la cuisson, on doit ajouter au moins 20 litres d'eau dans le fût pour faciliter l'ébullition. Dès le début de l'ébullition, on doit ajouter au moins 60 litres d'eau. Pour accélérer la cuisson, un « couvercle » est fabriqué à l'aide des vieux sacs de jute ayant servi au conditionnement du café ou de l'engrais pour empêcher la chaleur de se propager vers le ciel. Dès que les noix sont cuites, alors une odeur agréable parfume l'environnement. Par ailleurs, deux types de feu sont utilisés en fonction des catégories de presse et en fonction des moyens financiers dont dispose le planteur.

Photo 1 *: Fûts de noix sur un four à bois*
© Epanda Edimo, février 2017

***Photo 2** : Fûts de noix sur un four électrique*
© Epanda Edimo, février 2017

Les photos 1 et 2 montrent les différents fours à feu utilisés pour cuire les noix de palme à Kékem. Les enquêtes de terrain ont révélé que 93 % des paysans utilisent le foyer à bois contre seulement 7 % qui optent pour le four électrique. Le type de four à feu détermine le temps à passer dans une presse. Lorsque le paysan veut mettre moins de temps à la presse, il utilise le four électrique qui permet de cuire les noix de 250 l en 40 minutes maximum. Mais il devra payer 500 FCFA comme frais de cuisson, sachant que le prix unitaire pour transformer le fût de noix de palme en huile brute est de 1 500 FCFA. Finalement, il est censé dépenser 2 000 FCFA dans les pressoirs semi-industriels (modernes). De même, si le planteur estime qu'il va utiliser son bois de chauffage et a suffisamment de temps libre, alors il pourra attendre 4 à 5 heures de temps en fonction du type de bois de chauffage pour cuire ses noix.

B. La trituration des noix de palme

À Kékem, avant 2008, la trituration[1] était faite de manière traditionnelle. Les noix étaient mises dans un pressoir fait de pierre et de béton, puis broyées à l'aide des pieds jusqu'à l'obtention d'une pâte homogène. Signa-

[1] C'est la réduction en pâte des graines oléagineuses par l'application de fortes pressions au moyen d'appareils ou des pieds.

lons que ces pressoirs conçus en pierre se trouvaient généralement à proximité des ruisseaux ou des rivières, pour un approvisionnement facile en eau. Mais, dès 2008, la presse motorisée apparut à Kékem ; c'est la remplaçante du pressoir en pierre. Il s'agit d'un appareil semi-industriel. À ce niveau, les opérations de mélange et de pressage se font mécaniquement grâce à un dispositif alimenté par un petit moteur électrique. Cette méthode réduit la pénibilité du travail, car le malaxage et la presse sont les étapes les plus pénibles dans la transformation de l'huile de palme.

Ensuite, on passe à la trituration. Celle-ci consiste à séparer la pulpe de la noix, par la pression exercée par le pied ou la machine. Cette pression exercée sur la noix en présence de l'eau dans le pressoir permet d'obtenir une pâte de couleur orange : c'est l'huile à l'état brut, d'où la clarification s'impose.

Photo 3 *: Pressoir en pierre*
© Ayo, février 2012

Photo 4 *: Presse motorisée*
© Epanda Edimo, février 2017

La photo 3 présente un garçon recueillant de l'huile de palme brute non clarifiée dans un pressoir traditionnel fait de pierre et de béton. Ce type de pressoir est en voie de disparition. Certaines presses, lorsqu'on parvient à les trouver, sont déjà dans un état de dégradation très avancé. Mais avant 2008, tous les producteurs d'huile de l'arrondissement, sans exception, ont utilisé les pressoirs en pierre. Les enquêtes sur le terrain ont démontré que sur 700 personnes, seules 40 exploitent encore le pressoir en pierre, soit 5,71 %. En 2013, l'arrondissement de Kékem comptait

80 presses à moteur (RPCK[2] 2013). Moins de 2 % de producteurs utilisaient des mortiers pour extraire l'huile de palme. La photo 4 présente les presses à moteur. Cette méthode semi-industrielle permet au producteur d'obtenir 25 à 28 litres d'huile pour un fût de noix de variété « Dura », contre 15 à 20 litres dans les presses traditionnelles. De plus, le producteur parvient à obtenir 65 à 80 litres d'huile, avec la variété « Tenera », contre 40 à 50 litres dans les pressoirs en pierre. D'ailleurs, à Kékem, il existe des presses motorisées mobiles. Elles se déplacent sur rendez-vous afin de transformer sur place les noix de palme cuite en pâte. Il faut prévoir entre 1 500 à 1 800 FCFA pour la transformation d'un fût de noix.

C. La clarification de l'huile de palme

La clarification consiste à séparer l'huile proprement dite des impuretés fines ainsi que de l'excès d'eau contenue dans le fût par la cuisson de la pâte d'huile obtenue de la trituration. Cette opération dure environ deux heures lorsqu'on utilise des essences de bois à l'instar du « Bongossi » pour alimenter le feu. Au « Bongossi », le paysan associe de temps en temps les coques des palmistes pour augmenter l'intensité du feu. Les personnes pressées recourent au four électrique pour la cuisson de noix. Une fois le fût d'huile sur le feu, on y rajoute au moins 60 litres d'eau en fonction de la quantité d'huile qu'il contient. L'objet est de séparer l'huile des autres particules. La clarification s'achève lorsque la mousse formée à la surface du fût prend la coloration noire, et que l'odeur caractéristique de l'huile de palme frite commence à se dégager. Pour empêcher l'huile de palme de brûler, l'intensité du feu est réduite. Par la suite, le produit est laissé au repos jusqu'à refroidissement et décantation complète avant que l'huile ne soit, au moyen d'une calebasse, d'une assiette en plastique ou en inox, recueillie et transvasée dans une grande casserole, des bidons ou d'autres récipients. Ce produit fini peut être vendu sur place ou le samedi pendant le marché. L'huile de palme rouge et la crème à l'état brut entrent dans la préparation de presque tous les mets traditionnels camerounais et des peuples Mbo.

[2] Rapport du Plan de Développement Communal de Kékem

***Photo 5** : Extraction d'huile de palme à Kékem*
© Epanda Edimo, février 2017

***Photo 6** : Huile rouge en pleine décantation*
© Epanda Edimo, février 2017

Jusqu'aujourd'hui, les méthodes d'extraction d'huile de palme cuite restent archaïques, car tout le processus se fait toujours à la main, ce qui représente un danger pour le producteur. Bien plus, l'arrondissement de Kékem est constitué à plus de 90 % de petits producteurs dont la majorité cultive les variétés de palmier « Dura » et « Deli Dura ». Malgré sa production limitée, le verger « Dura » présente un certain charme en raison de sa couleur comme le montrent les photos 5 (l'extraction d'huile de palme à Kékem) et 6 (Huile rouge en pleine décantation) et de sa saveur.

IV. Les retombées de la vente de l'huile de palme

Les retombées de la vente de l'huile de palme ont été observées dans les sept groupements de Kékem. Ces retombées sont visibles sur les plan social et économique.

A. L'amélioration des conditions de vie et apparition d'une nouvelle classe d'acteurs « les riches du palmier à huile »

La vente de l'huile de palme est génératrice de recettes fiscales, directement ou indirectement, avec des effets d'entraînement sur la consommation, l'investissement et le commerce national. L'huile de palme fait partie des rares produits agricoles qui soient à la fois source de consommation directe, objet de commercialisation et matière première pour l'industrie. Sa production améliore la sécurité alimentaire et accroît les sources de revenus des élaéiculteurs. De surcroît, elle contribue non seulement au développement de l'arrondissement, mais aussi à l'amélioration des conditions de vie des producteurs tel qu'en témoigne un ancien caféiculteur converti en élaéiculteur (ou élæiculteur) : « mon fils, quinze ans après la chute du kilogramme de café, je n'espérais plus m'acheter une voiture un jour. Mais les revenus tirés de la vente de l'huile de palme m'ont permis de m'offrir cette Toyota Surf de couleur rouge garée dans mon parking. Jamais je n'aurais pensé que je pouvais obtenir plus de 12 millions/an provenant de la vente de l'huile de palme ». Les paysans ont vu leur niveau de vie changer depuis environ neuf ans, en raison de l'accroissement de la production de l'huile rouge. Les gains provenant de la vente de cette huile ont permis surtout aux moyens et grands producteurs d'épargner d'importantes sommes d'argent qu'ils ont ensuite investies dans un autre domaine d'activité. Ainsi, certains se sont dotés de motocyclettes voire de voitures pour leurs travaux personnels. En ce qui concerne les petits producteurs, propriétaires de motocyclettes, après avoir fini avec leurs travaux champêtres, ils s'adonnent au transport clandestin des personnes et des biens dans les différents groupements diversifiant de la sorte leurs sources de revenus annuels.

Toutefois, le travail sur le terrain a permis de constater que l'argent résultant de la vente de l'huile de palme sert, à plus de 80 %, à la consommation au sein du ménage et à l'entretien de la plantation. L'élæiculteur « kékemois » veille en effet sur l'éducation, l'instruction et la santé des membres de sa famille. Le divertissement de la famille n'est pas en reste, il est désormais assuré par la télévision qu'accompagnent les appareils musicaux hi-fi (haute-fidélité, ou même les appareils haute définition), à défaut de prendre un abonnement chez un distributeur agréé d'images.

Par ailleurs, la vente de l'huile de palme a façonné depuis pratiquement neuf ans une nouvelle classe de planteurs qui vit largement audessus du seuil de pauvreté. Cette classe sociale comprend des paysans pouvant s'offrir des voitures de luxe, s'acheter de grandes plantations de cacao, envoyer leurs enfants continuer leurs études à l'étranger et, surtout, construire de somptueuses maisons. Ce changement est dû, en grande partie, à l'amélioration des techniques culturales, à l'existence des semences à haut rendement et à l'apparition des presses motorisées.

Tableau 2 : *Réalisations effectuées sur les revenus provenant de l'huile de palme*

Biens matériels	Entretien de la famille	Entretien du champ	Autres	Achat d'une moto et auto	Achat d'une nouvelle plantation	Construction d'une maison	Total
Nombre d'enquêtés	380	175	68	42	28	07	700
%	54,28	25	9,72	6	4	1	100

Source : Enquêtes de terrain, août 2017

Il ressort du tableau 2 que sur les 700 personnes enquêtées, 380 paysans ont pu s'occuper des membres de la famille au quotidien ; 175 personnes autres affirment prendre soin de leur plantation avec l'argent issu de l'huile de palme. 10 %, ont construit des presses motorisées, aménagé leur maison d'habitation, épargné l'argent dans les tontines et les microfinances. 4 % des enquêtées ont pu investir l'argent issu de la vente de l'huile de palme dans l'achat d'une autre plantation. Généralement, ce sont des cacaoyères et les forêts secondaires qui sont acquises. 5 % se sont offert des motocycles et 1 % s'est procuré une voiture. On comprend donc que l'argent provenant de la vente de l'huile de palme contribue à l'amélioration du cadre de vie et des conditions d'existence des populations de Kékem.

B. Les retombées économiques des producteurs d'huile de palme à Kékem

Le palmier à huile amélioré peut produire plus de 16 tonnes de régimes par hectare pendant au moins 25 ans (Rafflageau, 2008). Le rendement moyen annuel est de 8 à 14 tonnes de régimes par hectare et le rendement potentiel est de 16 à 20 tonnes de régimes par hectare avec une production de 4 à 7 tonnes d'huile par an (Erasme Ngiye, 2015). De nombreux spécialistes estiment que le palmier à huile est la seule plante qui fournit autant de retombées économiques. Cette vérité est en train de se concrétiser à Kékem. En effet, bien que l'arrondissement porte encore environ 80 % de palmiers de variété « Dura » (DAADRK) dont la moitié est vieille d'au moins 25 ans, on constate que la production de l'huile de palme croit très rapidement grâce à l'intensification de la variété « Tenera » et à l'apparition des presses motorisées, ce qui permet aux grands et moyens producteurs d'obtenir régulièrement des revenus non négligeables.

Tableau 3 *: Comparaison des revenus des différents élæiculteurs de Kékem*

Variétés de palmiers	Périodes	Nombre de plants	Production en litre	Dépenses effectuées en FCFA	Apports financiers en FCFA	%
Dura	Avant 1990	20	150	18 000	45 000	23
	Après 2000	150	1 450	125 000	696 500	44
Deli Dura	Avant 1990	30	330	27 000	99 000	3
	Après 2000	180	2 700	240 000	1 350 000	29
Tenera	Avant 1990	-	-	-	-	-
	Après 2000	3 500	33 000	4 700 000	15 800 000	1

Source : Enquêtes de terrain, août 2017

Le tableau 3 montre comment la production ainsi que les revenus du paysan provenant de l'huile de palme ont véritablement évolué, même si les techniques culturales et les variétés de plants de palmiers à huile n'ont pas totalement changé. Mais les principaux bénéficiaires de cette activité économique sont les grands producteurs qui, malgré les multiples dépenses découlant des opérations effectuées pour obtenir l'huile de palme, en tirent d'énormes profits. La production moyenne de l'huile de palme a varié considérablement à Kékem. Avant la crise caféière, elle était de 451 litres par personne, avec un rendement de 7,33 litres par palmier. De nos jours, la production moyenne est de 1 403[3] litres par personne, et de 9,62 litres par palmier. Mais cette production reste très faible comparée à la production des palmiers indonésiens et malaisiens, lesquels peuvent fournir jusqu'à 48 litres d'huile par palmier. La production reste inégale en raison des quantités d'huile de palme produites par les différents acteurs. En effet, sur 700 personnes enquêtées, le plus petit producteur avait une production de 40 litres/an avant les années 1990 contre 130 litres/an aujourd'hui. Le planteur moyen, dont la production était de 350 litres/an avant 1990, a une production de 2 700 litres/an de nos jours. Quant au grand producteur, il est passé de 1 600 litres/an à plus de 30 000 litres/an. Cette croissance exponentielle de la production de l'huile de palme à Kékem a des conséquences sur les avoirs des élæiculteurs (*cf.* planche photo 3).

[3] Avant 1990, les enquêtes sur le terrain ont révélé que la moyenne de la production d'huile était de 451 litres, soit 315 200 700 = 450,28 litres par ménage. De nos jours, elle est de 1 403 litres soit, 981 850 700 = 1 403 litres.

Photo 7 *: Magasin d'huile de palme d'un élæiculteur*
© Epanda Edimo, février 2017

Photo 8 *: Garage d'un grand élæiculteur à Kékem*
© Epanda Edimo, février 2017

La photo 7 présente le magasin de sa majesté Kamlo J M, chef Fonkouankem, un ancien grand caféiculteur qui produisait plus de 400 sacs de café robusta. Aujourd'hui, il est le propriétaire d'une palmeraie de plus de 25 hectares. Dans son magasin, on voit le moteur de sa presse moderne, lequel est démonté du pressoir après usage, pour éviter qu'il ne soit volé. À côté de ce moteur sont stockées des réserves d'huile de palme dans des fûts de 250 litres. La photo 8, quant à elle, présente le garage de M. Kamlo J M où l'on note la présence de plusieurs voitures dont celle de couleur rouge de marque Toyota 4×4, modèle Surf, achetée avec l'argent de la vente d'huile de palme et de ses dérivés. Par ailleurs, avec une partie de cet argent, sa majesté Kamlo a construit cinq salles de classe dont trois pour l'école primaire et deux pour le CES de Fonkouankem érigé par la suite en Lycée.

Tableau 4 *: Comparaison des revenus des différents élæiculteurs de Kékem*

Superficie (ha)	Types de paysans	Revenus av. 1990 en FCFA	Revenus ap. 1990 en FCFA	Revenus aujourd'hui
2	Caféiculteur	850 000	350 000	245 000
	Cacaoculteur	785 000	475 000	1 100 000
	Élæiculteurs	-	795 000	1 200 000
5	Caféiculteur	1 650 000	730 000	325 000
	Cacaoculteur	1 500 000	815 000	2 700 000
	Élæiculteurs	-	1 460 000	3 600 000
25	Caféiculteur	6 000 000	1 950 000	1 350 000
	Cacaoculteur	-	-	9 650 000
	Élæiculteurs	-	-	15 800 000

Source : Epanda Edimo, 2012 ; Enquêtes de terrain, août 2017

Au regard des retombées économiques des différentes cultures industrielles mentionnées dans le tableau 4, on peut avancer que le palmier à huile est le véritable « arbre à argent » de l'arrondissement de Kékem.

***Tableau 5** : Bénéfices réalisés par les différents acheteurs d'huile de palme pendant la période faste de production de l'huile de palme*

Catégories d'acheteurs d'huile de palme	Petits acheteurs	Acheteurs moyens	Grands acheteurs
Quantité d'huile achetée/semaine (en bidon de 22 litres)	8 à 10	30 à 40	50 à 450
Gain réalisé par litre (FCFA)	150	175	125
Gain réalisé par bidon de 22 litres en FCFA	3 300	4 000	2 750
Bénéfices réalisés après écoulement du produit/mois en FCFA	29 700	140 000	687 500

Source : Enquêtes de terrain, août 2017

Les acteurs intervenant dans la commercialisation de l'huile de palme peuvent être regroupés en trois catégories : les petits acheteurs, les acheteurs moyens et les collecteurs grossistes.

- Les petits collecteurs d'huile de palme constituent le premier maillon de la commercialisation de l'huile de palme à Kékem. Ils sont les premiers à se rendre dans tous les coins des groupements, précisément à proximité des pressoirs pour rassembler l'huile de palme. Au niveau du pressoir, le prix du bidon varie en fonction de la saison. En période faste, le prix du bidon de 22 litres varie entre 6 500 à 7 000 FCFA. Ces collecteurs s'approvisionnent en huile auprès des ménages qui produisent de petites quantités (généralement 10 à 20 litres par ménage). Après avoir rassemblé des quantités d'environ 220 litres, ils complètent leur stock au marché local du samedi qui sera revendu en détail à domicile. La marge de bénéfice est conséquente, car le prix minimum de revente du litre d'huile est de 500 FCFA, soit environ 180 à 205 francs de bénéfice par litre.
- Les acheteurs moyens d'huile de palme sont proches des presses motorisées où l'on peut produire 40 bidons d'huile par jour. Leur stratégie est d'acheter directement leur marchandise au pressoir. La négociation se fait au gré à gré en fonction de la saison et de la qualité d'huile. Ils achètent des quantités d'huile comprises entre 30 à 60 bidons de 22 litres, pour les revendre en dehors de la ville, précisément sur les Hautes Terres de l'Ouest. C'est le cas d'une enseignante, Adèle Ndommo, productrice et acheteuse d'huile de palme. Elle avoue : « Je mène cette activité depuis trois ans, c'est une activité

parallèle à mon métier d'enseignante du primaire. Je le fais pour diversifier mes sources de revenus mensuels. Pendant la période faste, je peux acheter jusqu'à 55 bidons de 22 litres d'huile par mois. Les prix sont compris entre 6 500 à 7 000 FCFA. Ma marge de bénéfice par bidon oscille entre 500 et 1 500 FCFA. Mais pendant la période de pénurie d'huile de palme, le bidon de 22 litres coûte entre 11 000 à 14 000 FCFA, et la marge de bénéfice est comprise entre 500 et 1 000 FCFA. Cet argent m'aide à entretenir ma famille et gérer mes multiples problèmes de femme ».

- Les collecteurs grossistes qui viennent à Kékem sortent généralement des métropoles Douala et Yaoundé. Ils acquièrent des quantités d'huile comprises entre une et dix tonnes. Ce sont des responsables des grandes savonneries et des petites entreprises d'huilerie. Ces derniers opèrent directement avec les grands producteurs de l'arrondissement. Contrairement aux petits producteurs, ils imposent le prix d'achat du litre d'huile aux acheteurs. Il apparaît alors qu'il existe une différence de l'ordre de 1 000 à 1 500 FCFA sur le prix d'achat du bidon entre le petit et le grand producteur. Ces grands producteurs vendent l'huile de palme et les autres dérivés du palmier pour plus de 15 millions de FCFA par an. C'est le cas de M. Mkamga Jean Pierre et de M. Kamlo J Marie qui détiennent chacun plus de 30 ha de palmeraie.

Les presses à moteur ont fait leur apparition à Kékem dès 2008. Ces formes de machines, semblables à de grands moulins à maïs, au départ, étaient reliées au moteur des vieilles voitures de marques Toyota KE 70 et KE 30. Mais dès 2012, les responsables des presses ont commencé à moderniser ce secteur d'activité générateur de revenus. À l'heure actuelle, l'arrondissement compte environ 100 pressoirs à moteur. Chaque responsable de presse trouve son compte en fonction de la position de son entreprise. Les enquêtes sur le terrain nous ont permis de comprendre le fonctionnement de ce secteur d'activité. En réalité, pendant la période de trêve, le nombre d'employés est réduit, car l'activité fonctionne une à deux fois par semaine. Mais pendant la période faste des noix de palme, les employés travaillent six jours sur sept et les grandes presses comptent quatre à cinq salariés. Ces derniers sont payés par fût de noix pressé. Généralement, ces techniciens de la presse ont 250 à 300 FCFA par fût de noix pressé. Ainsi, dans de grandes presses où l'on peut presser 15 à 20 fûts par jour, chaque employé est sûr d'empocher au moins 2 000 à 2 500 FCFA par jour, sans compter les petites gratifications venant des producteurs. Ces presses à moteur consomment moins de carburant, car un litre du Super peut presser 4 à 5 fûts de noix. Toutefois, c'est le responsable de l'entreprise qui en tire profit, car, par fût de noix, il peut récolter 500 à 600 FCFA de bénéfice. À côté de ce bénéfice, il a d'autres avantages à savoir l'huile de palme non clarifiée se trouvant dans des compartiments de décantation d'huile. Chaque semaine, le responsable de la presse peut obtenir trois bidons de 20 litres de l'huile collectés qu'il partage généralement avec ses employés. À Kékem, chaque responsable de presse a au moins une moto comme moyen de locomotion. Pour les grandes presses, les responsables ont une à deux voitures, parfois achetés avec l'argent provenant de la presse des noix de palme.

Tableau 6 : *Gains enregistrés par les différents propriétaires des presses motorisées pendant la période faste de production de noix de palme*

Catégories des presses à moteur	Petites presses	Presses moyennes	Grandes presses
Nombre de fûts pressés/semaine	45	72	120
Gain par fût/ 500 FCFA	500	500	500
Bénéfices réalisés/semaine en FCFA	22 500	36 000	60 000

Source : Enquêtes de terrain, août 2016

Le tableau 6 montre que les responsables des presses à moteur tirent profit de leur activité économique. En effet, le coût du fût à presser est de 1 500 FCFA, et la rémunération du technicien, lorsqu'il est seul, est de l'ordre de 250 FCFA. S'ils sont trois, ils obtiennent 500 FCFA. La presse motorisée consomme le quart du litre de carburant par fût, c'est-à-dire environ 160 FCFA/en moyenne. Même si les taxes et les multiples pannes représentent 250 FCFA par fût, on comprend que les responsables des presses puissent, en peu de temps, s'offrir une moto neuve ou un véhicule d'occasion.

Conclusion

Cet article avait pour objectif d'analyser les retombées socioéconomiques bénéficiant aux élæiculteurs. Il en ressort que dans ce secteur d'activité économique, la multiplication des presses motorisées a permis une croissance sans précédent de la production de l'huile de palme. On observe alors une légère amélioration des conditions et du cadre de vie des populations et l'apparition d'une nouvelle classe d'acteurs agricoles riches dont la fortune provient de ce secteur. En effet, le petit producteur ne saurait vivre uniquement des retombées du secteur, sa production moyenne étant de

130 litres. Voilà pourquoi il est obligé de diversifier ses sources de revenus en pratiquant la *complantation*[4]. S'agissant du producteur moyen, on constate qu'il peut vivre des retombées de la vente de l'huile de palme et des palmistes. Ce producteur peut engranger près de deux millions de bénéfices par an. Par ailleurs, le grand producteur perçoit plus de douze millions de bénéfices par an. Ceci est aussi valable pour les autres segments du secteur. Toutefois, la production d'huile de palme reste toujours trop faible lorsqu'on la compare à celle des grands bassins de production dans le monde. De plus, l'intensification de la variété « Tenera » et surtout un entretien régulier du palmier ainsi que la subvention des intrants agricoles peuvent permettre à Kékem de produire davantage d'huile de palme et devenir un véritable bassin de production de cette denrée.

Bibliographie

Bikai Nhiomog Eric Pépin, 2014. La culture du palmier à huile : Apport socio-économique et dynamiques socio-spatiales dans l'arrondissement de Dibang (région du centre Cameroun), le cas des villages Maholé et Boga, Mémoire de Master, Université de Douala, 115 p.

Cramb Rob, McCarthy John F., 2016. "The Oil Palm Complex: Smallholders, Agribusiness and the State in Indonesia and Malaysia", National University of Singapore Press, 2016, 512 p.

Elong Joseph Gabriel, 2003. « Les plantations villageoises de palmier à huile de la Socapalm dans le bas-Moungo (Cameroun) : un projet mal intégré aux préoccupations des paysans », Les Cahiers d'Outre-Mer, N°224, p. 401-418

Epanda Edimo François Arnaud, 2022. « Le palmier à huile dans l'économie rurale de l'arrondissement de Kékem (Haut-Nkam-Ouest-Cameroun) : une alternative à la crise caféière ? », *Espace Géographique & Société Marocaine*, Vol. 1, N°60, 19 p.

Fournier Stéphane, Ay Peter, Jannot Claude, Okounlola-Biaou André, Pédé Euloge, 2001. *La transformation artisanale de l'huile de palme au Bénin et au Nigéria*, CERNA, CIRAD, 142 p.

Houessou Paul Codjo, 2005. « Le Palmier à Huile. Son rôle et les contributions des populations autochtones d'Afrique en général et du Bénin en particulier au développement de la chimie moderne », UNESCO

[4] Encore appelée agriculture complantée, la complantation est un mode d'exploitation traditionnel des terres où différentes cultures sont pratiquées en même temps sur le même terrain. Ce terme est utilisé pour les techniques d'agriculture traditionnelle fortes consommatrices de main-d'œuvre.

Khan-Mohammad Guive, Amougou Gérard, 2020. "Industry and development in Cameroon: State dynamics in a context of “emergence”", *Critique internationale*, Vol. 4, N°89, p. 53-74, consulté le 07 juin 2023, DOI : 10.3917/crii.089.0056 ; URL : https://www.cairn.info/revue-critique-internationale-2020-4-page-53.htm

Levang Patrice, 2012. « Le développement du palmier à huile au Cameroun : entre accaparements massifs, agro-industries, élites et petits planteurs », Journée Palmier CIRAD, IRD, CIFOR, 31 p.

Lieugomg Médard, 1995. Les plantations industrielles et les plantations villageoises de palmiers à huile sélectionnées dans les zones d’intervention de la Société Camerounaise des Palmeraies (SOCAPALM) : les cas des régions d’Eséka et de Dibombari, Thèse de Doctorat, Université de Paris X-Nanterre, 530 p.

Lieugomg Médard, 2000. « Maîtrise des innovations techniques et développement des régions élæicoles d’Eséka et de Dibamba », *Revue de géographie du Cameroun*, Vol. 16, N°1, p. 50-55

Morin Serge, 1994. « Le café dans l’Ouest-Cameroun, de la culture de rente au révélateur de la crise sociale », *in* Tulet Jean-Christian, Charlery Bernard, Bart François, Pilleboue Jean, *Paysanneries du café des Hautes Terres Tropicales*, éd. Karthala, p. 192-223

Ndjogui Thomas Éric, Nkongho Raymond Ndip, Rafflegeau Sylvain, Feintrenie Laurène, Levang Patrice, 2014. *Historique du secteur palmier à huile au Cameroun.* Document occasionnel 109, CIFOR, Bogor, Indonésie, 67 p.

Ngo Balépa Aurore Sara Sophie, 2012. « Dynamique récente de la culture d’un palmier à huile sélectionné et problématique d’un développement durable dans l’arrondissement de Ngog Mapubi (Cameroun) », p. 147-156, *in* Tsaléfac Maurice, Kamdem Pierre, *Les mutations socio-spatiales au Cameroun*, Mélanges en hommage au Professeur Jean Louis Dongmo, IRESMA, Paris-Yaoundé, 348 p.

Ngo Balépa Aurore Sara Sophie, 2016. « Le développement de la campagne camerounaise par l’industrialisation : enjeux et contraintes de la transformation des produits agricoles locaux », p. 75-90, *in* Ngo Balépa et *al.*, *Pour une géographie rurale de l’action*, Mélanges en hommage au Professeur Joseph Gabriel Elong, éd. CLÉ, Yaoundé, 772 p.

Nguinta Heugang Léonelle Flore, Nourou Mohamadou. 2019. « Agro-industries et droits humains au Cameroun », NGABAN DIBOLEL, *Revue africaine de responsabilité sociale et management durable*, Vol. 1, N°1, p. 87-111, consulté le 7 juin 2023, DOI : 10.46711/ngaban-dibolel.2019.1.1.5

Ordway, E.M., Sonwa, D.J., Levang, P., Mboringong, F., III, L.M., Naylor, R.L., Nkongho, R.N., 2019. « Développement de la filière huile de palme dans le bassin du Congo: Nécessité d’une stratégie régionale impliquant les petits planteurs et les marchés informels », CIFOR Infobrief No. 261, Bogor, Indonesia: Center for International Forestry Research (CIFOR), consulté le 7 juin 2023, DOI : https://doi.org/10.17528/cifor/007331

Tailliez Bertrand, 2007. « Le palmier à huile dans l'agriculture familiale et la réduction de la pauvreté », éd. SIA, Paris, 25 p.

Yemmafouo Aristide, Yonta Nogheu Beaujeanot, 2016. « Du maraîchage vers le vivrier marchand : pertinence du choix des agriculteurs de Galim (Ouest-Cameroun) face aux risques agricoles », p. 133-145, *in* Ngo Balépa et *al.*, *Pour une géographie rurale de l'action*, Mélanges en hommage au Professeur Joseph Gabriel Elong, éd. CLÉ, Yaoundé, 772 p.

Savoirs locaux au développement de l'industrie de l'huile de palme au Cameroun

Thomas-Éric Ndjogui
Université de Douala
ndjogui1289@yahoo.fr

Le début des années 2000 constitue un point culminant dans la prise de conscience des préoccupations environnementales dans le secteur du palmier à huile. Le palmier à huile est accusé, à la fois, à tort ou à raison, d'être responsable de la dégradation de l'environnement et de la pauvreté dans les territoires élæicoles (Koh, Wilcove, 2008 ; Hoyle, Levang, 2012). Plusieurs travaux (Elong, 2003 ; Ndjogui, 2016) ont par ailleurs mis en évidence la contribution de l'élæiculture à la déplétion des savoirs locaux au Cameroun. L'objectif de cette contribution est d'étudier l'influence des savoirs locaux sur l'industrie de l'huile de palme au Cameroun. Pour ce faire, notre démarche se conjugue en trois temps. Ainsi, après les précisions méthodologiques et conceptuelles, nous analyserons la contribution des savoirs locaux à l'essor de l'industrie de l'huile de palme au Cameroun. Enfin, l'étude sera bouclée par l'identification des contraintes posées par la prégnance des savoirs locaux à l'éclosion d'une industrie élæicole durable au Cameroun.

I. Cadre conceptuel et clarifications méthodologiques

Cette étude est construite autour de deux principales variables : l'industrie de l'huile de palme et les savoirs locaux. Si la première peut être assimilée aux processus modernes de production d'huile de palme, il n'en est rien pour la seconde, sujette à plusieurs interprétations. Aussi, une définition opératoire du concept de savoirs locaux s'impose afin d'éviter toute ambiguïté quant à son usage dans le cadre de cette analyse.

A. Les savoirs locaux, un concept complexe polysémique

Le concept « savoirs locaux » est complexe et difficile à cerner. En effet, les savoirs particuliers détenus par les communautés locales, parfois depuis des siècles, font l'objet de plusieurs qualifications qui trahissent la multiplicité des approches utilisées pour les appréhender.

1. Savoirs traditionnels ou savoirs endogènes ?

Le concept de savoirs locaux émerge au début des années 1980 à la suite du constat d'échec des politiques de développement à l'instar de la « modernisation forcée des formes de production » (Copans, Nakoulima, 2011). Les savoirs locaux sont alors désignés « savoirs écologiques traditionnels » (Traditional Ecological Knowledge, TEK). Cette approche sectorielle ou « scientiste » du concept semble confiner les savoirs traditionnels à un domaine, la nature, et à une science, l'écologie (Mboa Nkoudou, 2015). Elle s'oppose à une vision holistique qui assimile lesdits savoirs à un ensemble de connaissances, d'interprétations, de systèmes de sens sophistiqués accumulés et développés par des peuples ayant une longue histoire d'interaction avec l'environnement naturel (UNESCO, 2005). Cependant, au qualificatif « traditionnels », Hountondji (1994, p. 13) préfère celui d'« endogènes ». Ainsi, un savoir endogène définit une connaissance considérée par une société comme partie intégrante de son héritage culturel (*Ibidem*). Cette appréhension du concept « savoirs endogènes » a une forte connotation spatiale tantôt exprimée par l'autochtonie, tantôt par la localité.

2. Savoirs autochtones ou savoirs locaux ?

Au centre du débat sur les savoirs autochtones (Indigenous Knowledge) se trouve le concept d'autochtonie. Le terme désigne le fait d'être originaire de la terre où l'on vit (Dumas, 2014). Parmi les critères pris en compte pour définir l'autochtonie, figure l'autodétermination ou le droit reconnu aux peuples d'identifier qui est, et ce qui est, « indigène »[5]. À cela s'adjoignent la qualité de descendants de premières populations à habiter les lieux, une identité ethnique distincte et la vulnérabilité (Roué, 2012). Cependant, cette appréhension est loin de faire l'unanimité compte tenu de sa dimension politique. En revanche, le concept de « savoirs locaux » permet d'englober, au sein

---

[5] http://www.un.org/esa/socdev/unpfii/documents/MCS_xxi_xxii_e.pdf, consulté le 4 janvier 2020.

d'un territoire particulier, tous les détenteurs d'un ou de plusieurs corpus de savoirs sur leur environnement naturel, qu'ils soient autochtones ou pas.

In fine, au-delà de cette divergence d'approche, certaines caractéristiques récurrentes semblent se dessiner des savoirs locaux privilégiés en étude : ils sont en effet empiriques, socialement valorisés, liés à une vision holiste du monde, localement situés, dynamiques, associés à la spiritualité, régulés par des cycles, relationnels et rationnels (Barnhardt, Kawagley, 2005 ; Aikenhead, Ogawa, 2007 ; Moussavou, 2012).

Le palmier à huile est une plante monocotylédone de la famille des aracées (ex. palmacées). L'espèce Élaeis guineensis, exploitée au Cameroun, est endémique à tout le Golfe de Guinée où la plante pousse spontanément dans les forêts et, en particulier, dans les essarts (Rival, Levang, 2013). Depuis des siècles, les communautés locales ont développé un faisceau de savoirs autour de l'exploitation du palmier à huile.

B. Une méthodologie fondée sur une approche qualitative

Globalement, la méthodologie utilisée dans cette étude privilégie une approche qualitative, car nous ambitionnons davantage de comprendre les interactions entre les savoirs locaux et l'industrie de l'huile de palme. Pour saisir le poids des temporalités et des héritages associés à ces dynamiques, nous avons opté pour une démarche géohistorique (Braudel, 1997). Par ailleurs l'approche filière (ONUDI, 2011) a été jugée pertinente pour une analyse fine de l'industrie de l'huile de palme. Ceci invite à suivre l'influence des savoirs locaux au sein des principaux maillons de la filière de l'huile de palme. Toutefois, le propos de cette contribution se limite aux maillons de la production et de la transformation où les savoirs locaux s'expriment le mieux. La collecte des données s'est faite à travers la recherche documentaire soutenue par des entretiens semi-directifs avec diverses personnes-ressources (chercheurs sur le palmier à huile, les communautés locales et les exploitants du palmier à huile, etc.) et les observations de terrain.

II. Résultats et discussion

Les résultats obtenus montrent que les savoirs locaux ont joué un rôle ambivalent dans l'essor de l'industrie de l'huile de palme. Ils en ont constitué tantôt un facteur, tantôt une contrainte au développement.

A. Savoirs locaux, socle de développement de l'industrie de l'huile de palme

Dans la filière de l'huile de palme, les savoirs locaux interviennent de la plantation à la seconde transformation en passant par l'extraction de l'huile de palme brute.

1. La culture du palmier, une culture ancestrale

La culture industrielle du palmier à huile débute au Cameroun à l'orée du XIXe siècle avec la création de la *Debundscha Palm Company* (*Debundscha Pflanzung*) sur le versant ouest du Mont-Cameroun en 1896. Cependant, les activités de cette plantation ne deviennent effectives qu'en 1904 (Ngoh, 1996 ; Ayuketang, 2010). Plus tard, en 1907, les Allemands créent la première plantation « industrielle » de palmier à huile à Appouh, au Sud-Est d'Edéa, et aujourd'hui connue sous le nom de Société des Palmeraies de la Ferme Suisse (SPFS).

La création de ces plantations coloniales marque la naissance de l'industrie de l'huile de palme au Cameroun, industrie appelée à supplanter l'artisanat élæicole. La plantation industrielle constitue dès lors une innovation dans l'exploitation du palmier à huile. Dans plusieurs régions du Golfe de Guinée et au Cameroun en effet, de nombreux travaux attestent que le palmier était déjà planté dans cette région dès le XVIIe siècle. Bosman (1705) observe, ainsi en parlant de la région d'Ouidah, au Bénin « qu'il y a partout dans le pays une grande quantité de palmiers, mais on en fait peu de vin et on ne les cultive que pour en tirer de l'huile ». Dans la même veine, Juhé-Beaulaton (1998) déclare : « qu'il est déjà possible de dire que la culture ou la plantation du palmier était connue et pratiquée par les habitants dans les zones où la disponibilité du produit recherché, à savoir l'huile, était insuffisante ou inexistante ».

Au Cameroun, il existe également dans le pays Basa'a, une variété de palmier appelée localement *ngi mañ*, c'est-à-dire littéralement sans noix ou dépourvue d'endocarpe, qui était « systématiquement plantée » par les populations locales (Tjééga, 1974). Après la découverte du *tenera* localement appelé *lisombè* ou *lisonde*, les Allemands, s'appuyant sur les chefs de communautés de la côte camerounaise, obligent les populations locales à créer des palmeraies. Ainsi, dès 1903, il est demandé aux populations locales de planter 25 pieds de palmiers à huile autour de chaque case existante et 50 pieds autour des nouvelles cases (Rudin, 1938).

Ainsi, longtemps avant l'arrivée des Européens, les communautés locales avaient développé un corpus de savoirs propres autour de la culture du palmier à huile. L'importance socioculturelle de cette plante providentielle et multifonctionnelle justifie son introduction dans les systèmes culturaux. Toutes les innovations culturales apportées par les Occidentaux se sont appuyées sur les savoirs locaux et les pratiques traditionnelles de l'époque. Ce sont les variétés, jadis cultivées par les populations locales qui furent d'abord expérimentées avant d'être remplacées par les variétés améliorées mises au point après une fine observation des pratiques traditionnelles.

2. L'extraction d'huile de palme brute et de palmiste

L'influence des savoirs locaux sur l'industrialisation du secteur du palmier à huile ne s'est pas limitée à la plantation et à la production des régimes de palme. Elle s'observe aussi au niveau de l'extraction d'huile de palme brute. Plusieurs études montrent qu'avant l'arrivée des Européens qui « modernisent » l'extraction d'huile de palme brute au Cameroun, les communautés locales ont eu recours, pour ce faire, à plusieurs techniques et outils (Ndjogui, 2014). L'huile de palme figurait alors parmi les principales sources de devises au Cameroun avant le protectorat allemand en 1884. En 1810 par exemple, le pays a exporté 50 à 60 t d'huile de palme brute (Robertson, 1819). La mise au point des huileries modernes résulte de l'observation des pratiques traditionnelles d'extraction d'huile de palme dans une quadruple perspective d'amélioration de la qualité de l'huile et de ses sous-produits, de réduction de la pénibilité du travail, d'amélioration des rendements et d'optimisation de la commercialisation ainsi que des revenus des producteurs (Ribier, Rouzière, 2010).

Dans la même perspective, c'est à l'exploitation des savoirs locaux dans la gestion des noix de palme que le Dr Haake eut l'idée d'inventer une presse artisanale permettant d'extraire l'huile de palmiste des amandes (Etoga, 1971). Il avait constaté que, jusqu'en 1888, seule une infime partie des noix de palmistes était utilisée pour extraire l'huile de palmiste. Le reste était habituellement jeté par les paysans.

3. La savonnerie, une inspiration de l'artisanat ancestral

Dans le maillon de la seconde transformation, l'obtention de divers produits finis, les savoirs locaux se sont le plus exprimés dans le secteur des savonneries. En effet, la fabrication du savon à partir d'huile de palme brute est ancienne en Afrique et date de l'époque précoloniale. Pendant la Préhistoire déjà, pour faire la lessive, il suffisait de mélanger les vêtements sales avec de l'huile de palme brute et de la cendre du brûlis, les frotter, et enfin les rincer à l'eau tiède (Houessou, 2005). La cendre mélangée avec l'eau libère la potasse. Le mélange potasse et huile de palme libère de l'acide palmitique qui réagit ensuite avec la potasse pour devenir du savon (*Ibid.*).

Au XVe siècle, les Fanti du Ghana préparaient du savon à partir de l'huile de palme brute et de la potasse extraite des cendres de bois[6]. Les parties du palmier à huile utilisées incluent entre autres les inflorescences mâles, les rachis des régimes après égrappage, ou l'intérieur des stipes. Les cendres obtenues après le brulage de ces parties sont diluées dans de l'eau puis filtrées et, ensuite, mélangées à l'huile de palme brute parfois associée à l'huile de coco ou au beurre de karité en fonction des régions. Cette mixture est tournée à la main pendant des heures jusqu'à l'obtention d'une pâte homogène qui est séchée pendant deux semaines environ pour obtenir des barres de savon prêtes à l'emploi.

Il va sans dire que les savoirs locaux développés par les populations locales en matière d'exploitation du palmier à huile constituent un atout non négligeable à la formation d'une main-d'œuvre qualifiée pour l'industrie élæicole.

B. Savoirs locaux et formation de la main-d'œuvre qualifiée pour l'industrie de l'huile de palme

Si l'Asie du Sud-Est offrait un réservoir de main-d'œuvre considérable aux plantations coloniales, l'Afrique, en général, et le Cameroun, en particulier, en étaient presque dépourvues à cause de la faiblesse des densités de population. En outre, les Africains avaient une attitude fort réservée pour un emploi de salarié dans des entreprises dont les activités ne s'inscrivaient pas dans la tradition, et qui les éloignaient de leur milieu habituel de vie. Ils ne voyaient aucun intérêt à troquer leur liberté pour le salariat (Tourte, 2012).

Cependant, le paysan africain avait un avantage par rapport à son homologue asiatique. Les paysanneries forestières africaines maîtrisaient la botanique de la plante, savaient l'entretenir, la cultiver et en extraire les huiles de palme et de palmiste recherchées par les industriels européens. Ainsi, au Ca-

---

[6] http://www.gaiia-shop.com/blog/savons-naturels/histoire-du-savon/, consulté le 29 novembre 2014

meroun, les savoirs locaux ont contribué à la formation d'une main-d'œuvre qualifiée destinée au travail dans les plantations et les huileries.

Avant l'utilisation des automobiles, le transport des régimes était assuré par les porteurs expérimentés. De même, la coupe des régimes était faite par les coupeurs avant l'introduction des couteaux malais pour réduire la pénibilité du travail et des accidents répétitifs pendant la récolte. Par ailleurs, l'extraction d'huile de palme brute se faisait essentiellement par foulage au pied. Jusqu'à présent, elle reste une compétence réservée, gage de la qualité et de la quantité d'huile obtenue au bout de la chaîne.

En résumé, les savoirs locaux ont pour une grande part contribué à l'essor de l'industrie de l'huile de palme au Cameroun, surtout à l'orée de la mise en place des palmeraies coloniales. Cependant, cette tradition élæicole est loin d'être exclusivement bénéfique, compte tenu de nombreuses contraintes qu'elle pose à l'industrialisation de l'élæiculture au Cameroun.

1. Savoirs locaux, une contrainte à l'industrie de l'huile de palme

Les contraintes posées par la prégnance de la tradition élæicole à l'essor de l'industrialisation de la filière huile de palme camerounaise s'observent à plusieurs niveaux, notamment au niveau du matériel végétal, de la mise en place des plantations et de l'extraction de l'huile de palme brute.

2. Savoirs locaux et contraintes à la recherche variétale et à l'utilisation des semences améliorées

L'industrialisation du secteur palmier à huile au Cameroun a débuté par la production des variétés améliorées à hauts rendements permettant d'augmenter la production d'huile de palme brute, principal produit du palmier à huile. L'existence de luxuriantes palmeraies naturelles au Cameroun n'a pas favorisé la recherche variétale nécessaire à la création des palmeraies industrielles dans le pays.

En Asie du Sud-Est en revanche, les recherches sur le palmier commencent en 1848 avec l'introduction de quatre plants de palmier d'origine africaine dans la station de Buitenzorg (actuel Bogor) créée en 1817 (Hartley, 1988). Jusqu'en 1935, « l'Afrique n'est encore que très marginalement citée dans les actions de recherches organisées alors entreprises par les "principales nations colonisatrices" étrangères dans les régions tropicales […]. Sans doute la forte prédominance du sud-est asiatique ne fait-elle que traduire les priorités des intérêts occidentaux de cet entre-deux guerres » (Tourte, 2012). Au Cameroun, ce n'est qu'à l'orée des années 1940 que la recherche sur le palmier à huile prend véritablement corps avec la création de l'IRHO en 1939.

3. Savoirs locaux, entraves à la création des plantations industrielles

La tradition élæicole aurait également joué en défaveur de la création des palmeraies industrielles dans le Golfe de Guinée, en général, et au Cameroun, en particulier. Pendant la période coloniale, il était très difficile de convaincre les communautés locales de cultiver le palmier à huile qui pousse spontanément sur leurs territoires. Il était encore plus difficile de les convaincre de planter le palmier à huile sélectionné pour obtenir le même produit que peuvent continuer à lui procurer les palmeraies naturelles avec moins de pénibilité.

En outre, les savoirs locaux ont longtemps freiné l'utilisation des fertilisants chimiques. La perception locale du développement spontané des palmeraies naturelles ainsi que leur productivité pérenne ne permettaient pas, du point de vue des communautés locales, d'envisager l'opportunité d'un recours aux fertilisants. Jusqu'à nos jours, la majorité des petits planteurs de palmier à huile n'utilisent pas d'engrais. Même si le coût élevé du produit en est la principale raison, nombreux sont ceux qui pensent que le palmier à huile n'a pas besoin d'engrais pour produire. C'est une plante généreuse capable de produire pendant des décennies sans exiger le moindre entretien et encore moins des fertilisants.

Toutefois, si cette perception est acceptable dans une logique d'autoconsommation, elle cesse de l'être dans une logique capitaliste fondée sur la maximisation du profit. L'utilisation des engrais et des produits phytosanitaires reste indispensable au développement des palmeraies industrielles, car ces produits contribuent au développement optimal de la plante tout en garantissant une meilleure productivité.

Cette perception locale du développement du palmier à huile associée à d'autres facteurs comme les troubles sociopolitiques qui ont secoué le pays avant et après les indépendances, ont joué un rôle important dans le retard observé dans l'adoption des innovations élæicoles, notamment l'utilisation du matériel sélectionné, des engrais et des produits phytosanitaires. Il en résulte que ce n'est qu'à la fin des années 1970 que les paysans adoptent le *tenera* alors que leurs homologues Malaisiens et Indonésiens l'ont fait depuis les années 1950 (Levang, Rival, 2013).

4. Savoirs locaux, une entrave à la mise en place des huileries industrielles

La forte tradition dans l'extraction de l'huile de palme brute n'a pas encouragé les administrateurs coloniaux à la création d'huileries industrielles. Ces derniers se contentaient tout simplement de récupérer l'huile produite par des exploitations paysannes. Il en résulte que, jusqu'à la fin des années 1930, plus de 65 % de l'huile de palme brute exportée par le Cameroun venaient des palmeraies naturelles ou indigènes. Aussi, des 6 848 t d'huile de palme recensées en 1935 au Cameroun, 4 477 t provenaient des palmeraies indigènes (Etoga, 1971 ; Ndjogui, *op. cit.*) Il faut attendre 1953, pour voir naître la première huilerie industrielle à Edéa sous les auspices de la Société des Plantations Réunies de l'Ouest Africain (SPROA). Pourtant, en Malaisie, les huileries industrielles étaient mises en place avant les années 1920 (Rival, Levang, 2013).

Conclusion

Le développement durable du palmier à huile cristallise de nombreux enjeux. Cette réflexion s'est focalisée principalement sur la thématique des savoirs locaux qui est rarement abordée dans les discussions sur la durabilité élæicole au Cameroun. De manière spécifique, elle s'est attachée à la mise en évidence du rôle ambivalent joué par les savoirs locaux dans le développement de la filière huile de palme au Cameroun. Les savoirs locaux portent principalement sur le milieu naturel et sont diffus au sein d'une société donnée. Ils s'inscrivent dans une perspective holiste, systémique et coextensive à toutes les activités humaines qu'elles soient techniques, intellectuelles, artistiques et spirituelles (Tourneux, 2019). Les savoirs locaux ont servi de ferment au développement d'une forte tradition élæicole au Cameroun. Cependant, si celle-ci a suscité la mise en place des plantations et des huileries industrielles dans le pays, elle a longtemps retardé le processus de modernisation ou mieux d'industrialisation de la filière. Toutefois, l'interprétation nationale des principes et critères Roudtable Sustainable Palm Oil (RSPO) en cours et la mise en œuvre du protocole de Nagoya offrent d'heureuses perspectives pour une meilleure exploitation des savoirs locaux dans la perspective de développement durable des territoires élæicoles.

Bibliographie

Aikenhead Glen S., Ogawa Masakata, 2007. « Indigenous knowledge and science revisited », *Cultural Studies of Science Education*, Vol. 2, N° 3, p. 539-620

Amselle Jean-Loup, 2008. « Retour sur "l'invention de la tradition" », *L'Homme* [En ligne], 185-186 | 2008, mis en ligne le 1er janvier 2010, consulté le 5 février 2022, URL : http://journals.openedition.org/lhomme/24146 ; DOI : https://doi.org/10.4000/lhomme.24146

Augé Marc, 1994. Pour une anthropologie des mondes contemporains, Paris, Flammarion, 196 p.

Ayuketang Divine Enohnyaket, 2010. Plantation agriculture in Fako division and Bakweri land problem 1884-2006: an historical survey, Master degree, History, University of Yaoundé I, 158 p.

Ba Cheikh, 2019. « Quelle place pour les savoirs endogènes dans la lutte contre les changements climatiques ? Des imaginaires alternatifs dans l'estuaire du fleuve Sénégal », NAAJ, p. 13-31, consulté le 7 juin 2023, URL : 10.46711/naaj.2019.1.1.2

Barnhardt Ray, Kawagley Angayuqaq Oscar, 2005. « Indigenous Knowledge Systems and Alaska Native Ways of Knowing », *Anthropology & Education Quartely*, Vol. 36, 1, p. 8-23

Berkes Fikret, Colding Johan, Folke Carl, 2000. « Rediscovery of Traditional Ecological Knowledge as Adaptative management », *Ecological Applications*, Vol. 10, N° 5, p. 1251-1262

Bindé Jérôme, 2005. *Towards knowledge societies*, Paris, UNESCO world report, 237 p.

Bosman Guillaume, 1705. *Voyage de Guinée. Utrecht*, XVI, 520 p.

De Castro Fabio, Futemma Celia, 2021. « Farm Knowledge Co-Production at an Old Amazonian Frontier: Case of the Agroforestry System in Tomé-Açu, Brazil », *Rural Landscaps Society Environment History*, connection on 07 June 2023, URL : https://rurallandscapesjournal.com/articles/10.16993/rl.72

Dutraive Véronique, Arena Richard, Benghozi Pierre-Jean, Burger-Helmchen Thierry, 2021. « Industrie et comportements créatifs : leçons du passé et recherches actuelles », *Revue d'économie industrielle*, N° 174, p. 15-32, consulté le 7 juin 2023, DOI : https://doi.org/10.4000/rei.10029

Dutraive Véronique, Szostak Bérangère, 2021. « Essai sur les caractéristiques et les ambivalences du paradigme de l'économie créative », *Revue d'économie industrielle*, N° 174, p. 159-185, consulté le 7 juin 2023, DOI : https://doi.org/10.4000/rei.10029

Elong Joseph Gabriel, 2003. « Les plantations villageoises de palmier à huile de la Socapalm dans le bas-Moungo (Cameroun) : un projet mal intégré aux préoccupations des paysans », *Les Cahiers d'Outre-Mer*, N° 224, p. 401-418

Etoga Eily Florent, 1971. Sur les chemins du développement : essai des faits économiques du Cameroun, Yaoundé, CEPMAE, 521 p.

Goody Jack, 1977. « Mémoire et apprentissage dans les sociétés avec et sans écriture : la transmission du Bagre », *Homme*, 17 (1) : 29-52

Hartley Charles William Stewart, 1988. *The Oil Palm* (*Elaeis Guineensis* Jacq.), Tropical Agriculture Series, ESSEX, Longman Scientific & Technical, 761 p.

Houessou Paul Codjo, 2005. « Le Palmier à Huile. Son rôle et les contributions des populations autochtones d'Afrique en général et du Bénin en particulier au développement de la chimie moderne », UNESCO

Hountondji Paulin Jidenu, 1994. *Les savoirs endogènes : pistes pour une recherche*, éd. Codesria, Dakar ; Karthala, Paris, 345 p.

Hoyle David, Levang Patrice, 2012. « Le développement du palmier à huile au Cameroun », Rapport WWF, 5 p.

Koh Lian Pin, Wilcove David S., 2008. "Is oil palm agriculture really destroying tropical biodiversity?" Conservation Letters, *A Journal of the Society for Conservation Biology*, p. 60-64, https://doi.org/10.1111/j.1755-263X.2008.00011.x.

Latour Bruno, 2006. *Nous n'avons jamais été modernes. Essai d'anthropologie symétrique*, éd. La Découverte Poche/Sciences humaines et sociales, N° 26, 210 p.

Lenclud Gérard, 1987. « La tradition n'est plus ce qu'elle était… », *Terrain* [En ligne], 9 | octobre 1987, mis en ligne le 19 juillet 2007, consulté le 5 février 2022, URL : http://journals.openedition.org/terrain/3195 ; DOI : https://doi.org/10.4000/terrain.3195

Mboa Nkoudou Thomas Hervé, 2015. « Stratégies de valorisation des savoirs locaux africains : questions et enjeux liés à l'usage du numérique au Cameroun », *Éthique publique* [En ligne], Vol. 17, N° 2 | 2015, DOI : 10.4000/ethiquepublique.2343

Moussavou Raymonde, 2012. L'intégration des savoirs endogènes dans les cours de sciences au Gabon : Points de vue d'enseignants et d'enseignantes en formation, Thèse de Doctorat, Université Laval, Québec, 301 p.

Munongo Victorine Ghislaine Nzino, Tadadjeu Johanna Menda'a, 2019. « La conception et l'implémentation du développement durable sous l'influence des savoirs endogènes », consulté le 7 juin 2023, URL : https://hal.science/hal-02379858

Nakashima Douglas, Rubis Jennifer, Bates Peter, Avila Barbara, 2017. « Savoirs locaux, objectifs globaux », UNESCO, Paris, 46 p.

Nakoulima Gomdaogo Pierre, 2011. « Développement et Savoir local », Inédit, CEPAPE, Ouagadougou, 8 p.

Ndjogui Thomas Éric, Nkongho Raymond Ndip, Ngom Emmanuel, Iyabano Aboubakar Hayatou, Feintrenie Laurène, Levang Patrice, 2016. « Diffusion des presses artisanales d'huile de palme et dynamiques sociospatiales en milieu rural camerounais », p. 91-104, *in* Ngo Balépa et *al.*, *Pour une géographie rurale de l'action*, Mélanges en hommage au Professeur Joseph Gabriel Elong, éd. CLÉ, Yaoundé, 772 p.

Ndjogui Thomas Éric, Nkongho Raymond Ndip, Rafflegeau Sylvain, Feintrenie Laurène, Levang Patrice, 2014. *Historique du secteur palmier à huile au Cameroun.* Document occasionnel 109, CIFOR, Bogor, Indonésie, 67 p.

Ribier Danièle, Rouzière André, 1995. *La transformation artisanale des plantes à huile. Expériences et procédés,* GRET, CTA, ministère de la Coopération, 108 p.

Roué Marie, 2012. « Histoire et épistémologie des savoirs locaux et autochtones. De la tradition à la mode », Revue d'ethnoécologie [En ligne], 1 | 2012, mis en ligne le 2 décembre 2012, consulté le 5 février 2022, URL : http://journals.openedition.org/ethnoecologie/813 ; DOI : https://doi.org/10.4000/ethnoecologie.813

Rudin Harry Rudolph, 1938. Germans in the Cameroons, 1884-1914. A case study in modern imperialism, New Haven Yale University Press, 456 p.

Teoh Cheng Hai, 2010. « Les Principaux Enjeux du Développement Durable dans le Secteur de l'Huile de Palme », International Finance Corporation — World Bank Group, 2010, 53 p., consulté le 5 février 2022, URL : http://www.ifc.org/ifcext/agriconsultation.nsf/AttachmentsByTitle/Discussion+Paper_French/$FILE/Discussion+Paper_French_FINAL.pdf

Tjeega Paul, 1974. Les types d'exploitation du palmier à huile dans la région d'Eséka (Cameroun), Thèse de Doctorat, Université de Paris I, 319 p.

Tourte René, 2012. « Histoire de la recherche agricole en Afrique tropicale Francophone », Volume V : Le temps des stations et de la mise en valeur 1918-1940/1945

United Nations, 2007. *Déclaration des Nations Unies sur les Droits des Peuples Autochtones*, consulté le 5 février 2022, URL : http://www.un.org/esa/socdev/unpfii/documents/DRIPS_fr.pdf.

Industrialisation et transformation structurelle de la filière huile de palme au Cameroun : état des lieux et perspectives de développement durable

Thomas-Éric Ndjogui
Université de Douala
ndjogui1289@yahoo.fr

L'élæiculture est l'activité économique visant à la maîtrise et à l'exploitation du cycle biologique du palmier à huile, y compris les activités situées dans le prolongement de la production des régimes de palme ou ayant pour support la palmeraie (Ndjogui, 2018). Malgré les potentialités qu'offrent les structures spatiales et les réseaux sociaux, l'élæiculture camerounaise souffre d'un déficit de production d'huile de palme brute depuis plus d'une décennie. Ce déficit se traduit par des importations massives d'huile de palme brute évaluées à 120 000 t en 2021 contre 90 000 t en 2020[7]. Pour renverser cette tendance, le gouvernement entend procéder à la transformation structurelle de l'économie afin de favoriser un développement durable et inclusif (MINEPAT, 2020) à travers l'augmentation de la productivité agricole. Ceci passe inévitablement par l'industrialisation, c'est-à-dire l'adaptation des processus de production industrielle à l'agriculture, en général, et à l'élæiculture, en particulier. L'objectif de ce papier est de dresser un état des lieux du processus d'industrialisation du secteur palmier à huile au Cameroun. Il s'agit d'étudier la pénétration du processus industriel dans la chaîne de valeurs du palmier à huile. Ainsi, après une revue de la littérature sur les transformations structurelles, la méthodologie déployée pour mener cette réflexion sera présentée avant la restitution et la discussion des résultats obtenus.

[7] https://www.investiraucameroun.com/, consulté le 20 novembre 2021.

I. Revue de la littérature

Les transformations structurelles concernent la réallocation de l'activité économique des secteurs à faible productivité vers ceux où elle est plus forte, permettant ainsi de maintenir une croissance forte, durable et inclusive (BAD, 2013). Sur le plan macroéconomique, elles résultent des interactions entre les secteurs de l'économie. Plusieurs travaux sur les transformations structurelles se sont intéressés à l'industrialisation considérée comme la voie royale pour la croissance des pays sous-développés (Rosenstein-Rodan, 1943 ; Nurkse, 1953). Dans cette perspective, l'agriculture doit être mise au service de l'industrie *via* le transfert de son surplus de main-d'œuvre (Lewis, 1955). L'économiste Rostow (1960) s'appuiera sur ces travaux pour élaborer sa théorie sur les étapes de croissance. Elle postule que le développement économique passe par trois principales phases : le décollage, l'essor vers la maturité et la grande consommation de masse. L'évolution se fait ainsi de l'ère de la société traditionnelle dominée par l'agriculture vers l'ère de la société moderne où prédominent l'industrie et les services. Le processus se déroule donc en trois temps comme le suggère la théorie des trois secteurs (Clark, 1960) : les facteurs de production en l'occurrence le capital et le travail passent de l'agriculture vers l'industrie, favorisant l'industrialisation ; ils migrent ensuite du secteur secondaire ou industriel vers le secteur tertiaire ; enfin, dans le dernier mouvement inaugurant l'ère de la société tertiaire ou post-industrielle, les populations agricole et industrielle baissent considérablement au profit de la population tertiaire.

Par ailleurs, d'autres travaux se sont appesantis sur le rôle prépondérant de l'agriculture dans la transformation structurelle de l'économie et spécifiquement de l'industrie. Déjà, dès le début du XIXe siècle, les physiocrates placent l'agriculture en amont des autres secteurs économiques, car elle fournit les ressources nécessaires à leur essor. Cette idée est reprise par d'autres auteurs (Lewis, 1954 ; Kuznets, 1966). Ce dernier identifie quatre voies par lesquelles l'agriculture contribue à l'essor des secteurs secondaire et tertiaire : d'abord, à partir des produits et des marchés qui servent à nourrir la population ; ensuite, à partir des devises qu'elle génère pour assurer l'importation de matériels d'équipement ; à travers les matières premières qu'elle offre à l'industrie et, enfin, comme facteurs de production en libérant la main-d'œuvre excédentaire au profit de l'industrie. Cette dynamique s'accompagne d'une baisse de la part de l'emploi agricole et le transfert des travailleurs vers les secteurs secondaire (ou industriel) et tertiaire (Hayami, Ruttan, 1971). Donc, la contribution de l'agriculture au PIB baisse au profit du secteur manufacturier et des services à forte valeur ajoutée (Kuznets, 1966 ; Timmer, 2009).

Compte tenu du caractère systémique de l'économie, les changements observés dans les secteurs secondaire et tertiaire affectent aussi l'agriculture. Pour Timmer (2009), les transformations agricoles passent par quatre phases : l'augmentation de la productivité du travail, la phase de l'excédent agricole, la phase de convergence où les secteurs non-agricoles deviennent de plus en plus importants et, enfin, la phase d'intégration où l'agriculture s'intègre totalement aux autres secteurs de l'économie. Dans les territoires, la transformation structurelle de l'agriculture s'exprime à travers la structure des exploitations agricoles et l'évolution des formes d'organisation (Bosc, Bélières, 2015).

Toutefois, la clé de la convergence de ces transformations reste l'accroissement de la productivité agricole (Banque mondiale, 2008). Trois voies permettent d'y parvenir à savoir l'utilisation de nouvelles techniques permettant de produire plus, le transfert d'une partie de la population active agricole vers d'autres secteurs économiques et l'augmentation des prix agricoles (Timmer, *op. cit.*). À cela s'adjoint la capacité des agriculteurs à ajouter de la valeur au produit brut et à la capter par la conservation, la transformation ou la commercialisation sur les territoires (Bosc, Bélières, 2015). Le rôle de l'industrie dans cette perspective est déterminant et pose le problème de l'industrialisation de l'agriculture. Dans les pays occidentaux, les débats à propos sont anciens (Young, 1931) ; ils sont surtout animés par les marxistes-léninistes qui assimilent l'industrialisation agricole au passage de la petite à la grande exploitation à travers la collectivisation (Dupal, 1966). Dans les pays d'Afrique au sud du Sahara à l'instar du Cameroun, ce mouvement correspond à la mutation de l'agriculture familiale d'autoconsommation vers l'agriculture commerciale ou de rente.

En résumé, le développement économique résulte prioritairement des interactions entre l'agriculture et l'industrie. Si plusieurs travaux se sont attardés sur l'impact de la première sur la seconde, la contribution de l'industrie au changement structurel de l'agriculture fait l'objet d'une moindre considération. Une telle approche est pourtant salutaire, notamment pour un pays comme le Cameroun en proie à une faible productivité agricole et dont l'agriculture constitue un pilier de développement. C'est cette seconde approche qui est privilégiée dans cette réflexion qui ambitionne de faire le point sur la contribution de l'industrie au développement du secteur élæicole camerounais. Pour ce faire, le choix d'une grille d'analyse pertinente est important pour le décryptage des dynamiques industrielles recherchées.

II. Méthodologie de la recherche

Pour faciliter la collecte et le traitement des données éparses et variées nécessaires à l'observation des transformations structurelles de la filière huile de palme au Cameroun, le choix d'une approche méthodologique appropriée s'impose.

A. Une approche méthodologique s'appuyant sur l'approche filière

L'approche filière a été développée dans les années 1960 par l'Institut National de la Recherche Agronomique (INRA) et le Centre de Coopération Internationale en Recherche Agronomique pour le Développement (CIRAD) dans le cadre des études sur les interactions entre l'agriculture et les secteurs amont et aval (Bockel, Tallec, 2005). Assimilée à l'ensemble des agents économiques qui concourent directement à l'élaboration d'un produit final, la filière retrace la succession des opérations aboutissant, après plusieurs stades de transformation d'une matière première ou d'un produit semi-fini, à un ou plusieurs produits finis au niveau du consommateur final (Duruflé et *al.*, 1988, 2000). Une filière agricole est centrée sur un produit de base. L'insertion de l'étude dans la filière huile de palme invite ainsi à analyser l'industrialisation du secteur palmier à huile en suivant l'huile de palme brute de l'amont jusqu'en aval en passant par l'allocation des ressources intermédiaires.

B. Une méthode de recherche fondée sur le diagnostic de la chaîne de valeurs industrielles

L'outil mobilisé pour mener cette étude est le diagnostic des chaînes de valeurs industrielles. Celles-ci définissent les valeurs participant au traitement et à la transformation des produits primaires en consommables, créant ainsi une valeur ajoutée. Cet outil a été développé au début des années 2000 sur la base des expériences de différents services de l'Organisation des Nations Unies pour le Développement Industriel (ONUDI) prenant part à l'analyse des chaînes de valeur en Afrique, en Asie et en Amérique latine (ONUDI, 2011). Contrairement à l'analyse conventionnelle de la chaîne de valeur, le diagnostic des chaînes de valeurs industrielles accorde une importance toute particulière au segment de traitement et de transformation ainsi qu'à ses relations avec l'aval (le marché) et l'amont (l'approvisionnement).

Cet outil est adapté à l'étude de la filière huile de palme, car le traitement et la transformation des produits primaires (fruits ou régimes de palme) en produits finis (huile de palme brute et huile raffinée, savons, etc.) et semi-finis (régimes de palme et huile de palme brute), sont au centre de la création de la valeur ajoutée dans cette filière.

Le diagnostic des chaînes de valeurs industrielles repose sur sept (7) dimensions sur lesquelles s'est appuyée l'analyse de la chaîne des valeurs industrielles de la filière huile de palme au Cameroun. Celles-ci incluent l'approvisionnement en intrants et fournitures, la capacité de production et technologie, les marchés finaux et les échanges, la gouvernance des chaînes de valeur, la production durable et la consommation d'énergie, le financement des chaînes de valeur, l'environnement commercial et le contexte sociopolitique.

III. Collecte et analyse des données

Une panoplie de données primaires et secondaires a été collectée pour chacune des sept dimensions susmentionnées. Les données primaires ont été obtenues par la recherche documentaire sur le web et divers centres de documentation des universités de Douala, Yaoundé et Dschang. Ces données documentaires ont été complétées par les statistiques agricoles (Agristat, USDA, FAOSTAT) et des entretiens semi-directifs avec les petits planteurs, les agro-industries (SOCAPALM, CDC, PAMOL), les représentations des administrations centrales (MINADER, MINDCAF, MINEPDED, etc.), les centres de recherche (IRAD-Dibamba), les acteurs de la société civile impliqués dans le développement de l'élæiculture au Cameroun (WWF, CIFOR, CIRAD, Proforest, CED, Coopératives etc.). Les données collectées pour chacune des dimensions ont permis de mener deux types d'analyse à savoir l'interprétation de la situation actuelle et l'identification des pistes d'accélération de l'industrialisation de la filière de l'huile de palme au prisme du développement durable des territoires élæicoles.

IV. Résultats et discussion

La mise en œuvre du diagnostic de la chaîne des valeurs de la filière huile de palme a permis d'aboutir à trois types de résultats, en l'occurrence une cartographie de la filière, une description de l'état du développement de la chaîne de valeurs industrielles et l'identification des contraintes et des pistes de développement durable.

A. Cartographie de la filière huile de palme au Cameroun

Le palmier à huile est une plante tropicale originaire du Golfe de Guinée. Sa niche écologique couvre la plaine côtière comprenant les régions du Littoral, du Sud et du Sud-Ouest. Cette aire se rattache à la zone agro-écologique des « forêts denses humides à pluviométrie monomodale » qui héberge toutes les agro-industries actuelles du pays et l'essentiel des palmeraies villageoises. C'est le principal bassin de production d'huile de palme du Cameroun. À côté de cette ceinture du palmier à huile se trouve une zone de développement diffus qui couvre les régions du Centre, du Sud, de l'Est, de l'Ouest, du Nord-Ouest et le sud de l'Adamaoua. Celle-ci correspond globalement à la zone agro-écologique de « forêts denses humides à pluviométrie bimodale » (*cf.* carte 1).

Le palmier à huile pousse spontanément dans toute la zone forestière du Cameroun où il a longtemps fait l'objet d'une exploitation artisanale. C'est au début du XIXe siècle, entre 1904 et 1907, que sont créées les premières plantations coloniales. Après une longue période de stagnation liée aux deux Premières guerres mondiales (1914-1948 ; 1939-1945) et à la crise de 1929, la culture du palmier à huile entre dans une phase de modernisation, dès le début des années 1940, avec la création de la station IRHO en 1947, celle de la SOCAPALM en 1968, la construction d'usines et la mise en œuvre d'un programme de développement des plantations villageoises pendant la période 1970-1980.

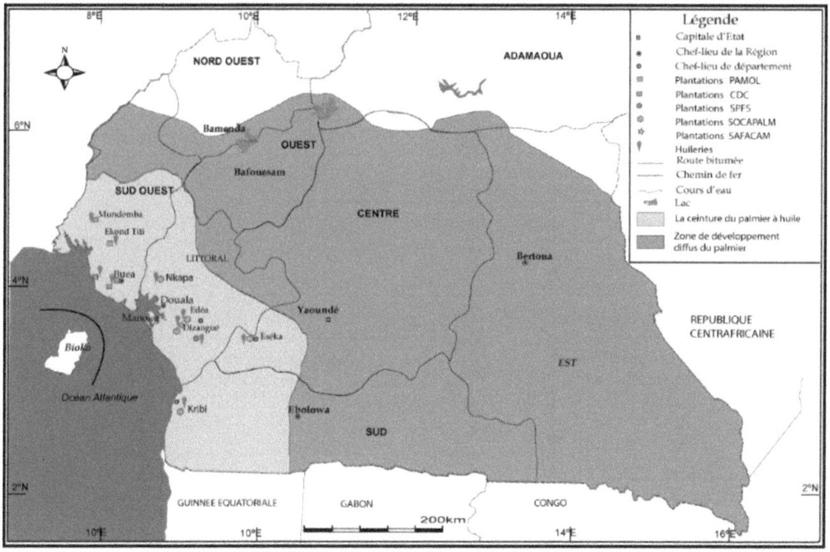

Carte 1 : *L'aire d'extension du palmier à huile au Cameroun*
Source : Ndjogui et al., 2014

Aujourd'hui, la chaîne de valeurs de l'huile de palme ne cesse de se développer en se diversifiant. Elle fait intervenir une kyrielle d'acteurs en l'occurrence les producteurs, les transformateurs et les consommateurs. Ces maillons entretiennent diverses relations fonctionnelles qui déterminent les interactions entre les intermaillons assurant le fonctionnement du système élæicole de référence. Globalement, les composantes de la chaîne de valeurs de l'huile de palme peuvent être regroupées en trois principaux niveaux hiérarchiques que sont l'amont, l'exploitation agricole et l'aval. Ces niveaux correspondent respectivement aux maillons de la fourniture de la matière première, de la plantation et de la transformation (*cf.* figure 1). Ces trois niveaux sont parcourus par divers flux matériels (produits, documents) et immatériels (informations) par le truchement des réseaux de commercialisation et de transports variés.

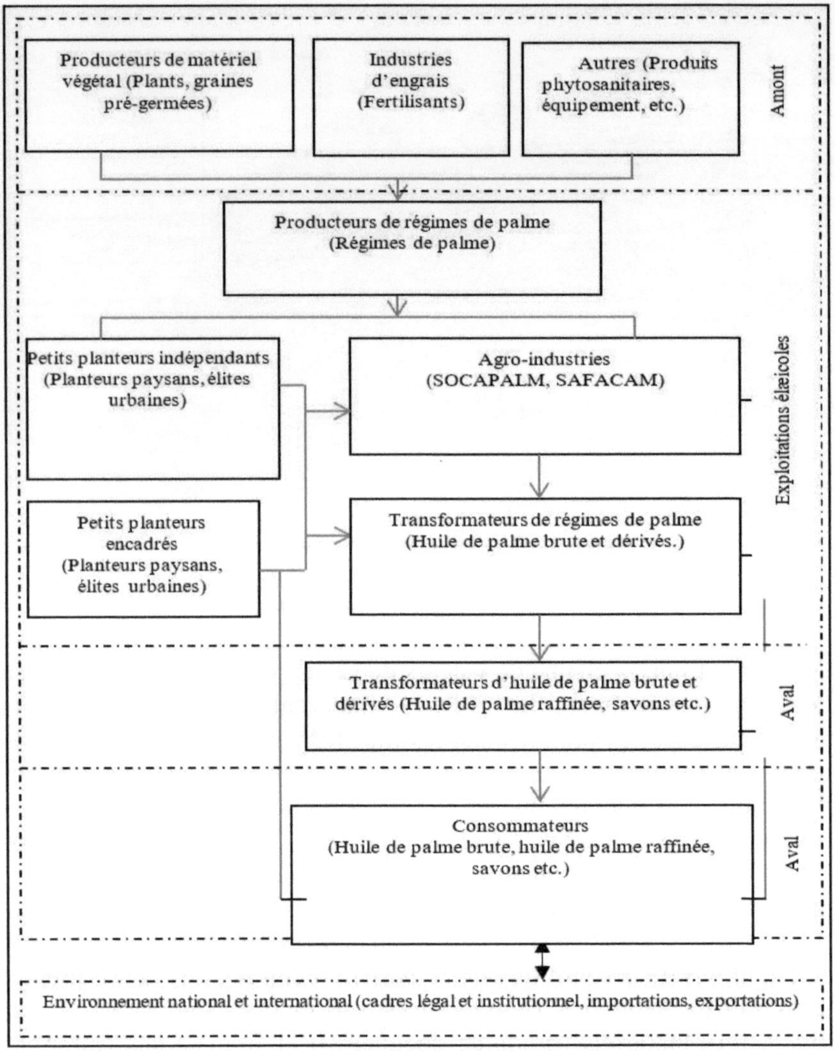

Figure 1 *: Cartographie de la filière de l'huile de palme au Cameroun*
© Ndjogui, 2018

B. État de développement de la chaîne de valeurs industrielles

Pour promouvoir la compétitivité de la filière huile de palme et répondre aux besoins de plus en plus croissants des consommateurs, les techniques de production industrielle ont été introduites dans chacun des maillons ci-dessus énumérés.

1. L'amont, maillon de la fourniture de la matière première pour la plantation

Le secteur amont de la filière huile de palme concerne principalement la fourniture du matériel végétal, des engrais et des produits phytosanitaires. Pour les besoins de cette analyse, notre propos se limitera à la production du matériel végétal et à l'approvisionnement en engrais dont l'incidence sur la production de l'huile de palme est plus remarquable.

La production du matériel végétal

Jusqu'à la fin des années 1930, le matériel végétal du palmier à huile est constitué de palmiers tout-venant. La production industrielle des plants de palmier à huile débute en 1939 avec la création de l'Institut de Recherche sur les Huiles et Oléagineux (IRHO) dans le Cameroun sous administration française. Cet Institut a, entre autres, pour mission de moderniser la culture du palmier à huile et d'installer des huileries afin d'accroître la production d'huile de palme au Cameroun (Mveng, 1985). Dans le Cameroun sous administration anglaise, la CDC crée également un centre de recherche à Ekona en 1953, lequel produit entre autres matériels végétaux, les plants de palmier à huile sélectionnés pour ses propres plantations (Esua, 2001). Le mouvement se poursuit en 1971 avec la création, au sein de la PAMOL de la Lobe Research Department située à Ekondo Titi. En collaboration avec le Groupe Socfin, la SOCAPALM a créé en 2018, une filiale, la Camseeds, spécialisée dans la production de semences de palmiers à huile sélectionnés de haute qualité ainsi qu'un laboratoire de recherche phytopathologique (recherche de variétés résistant aux maladies). En 2019, 430 000 semences ont été vendues dont 74 000 semences sélectionnées et à haut rendement vendues aux planteurs villageois (SOCAPALM, 2020).

En gros, la production industrielle du matériel végétal de palmier à huile au Cameroun est globalement satisfaisante en qualité. Il reste à régler le problème de disponibilité et d'accessibilité des semences aux planteurs, particulièrement les petits planteurs, pour la plupart, éloignés des sites de production du matériel végétal.

L'approvisionnement en engrais

La fertilisation du palmier à huile est importante pour augmenter sa productivité. En effet, contrairement aux autres plantes pérennes, le palmier à huile renouvelle ses racines chaque année. Il faut ainsi de manière régulière lui apporter des éléments minéraux nécessaires pour que ses rendements soient soutenables. La nature et les quantités des nutriments varient en fonction du site d'implantation de la palmeraie et de l'âge du plant (Ngom, 2012). Cependant, aucune industrie de production d'engrais chimique n'existe au Cameroun. La totalité des engrais utilisés dans le pays est importée. À cette contrainte structurelle et logistique s'ajoute la situation de monopole dont jouissent certains importateurs d'engrais. Il en résulte une cherté du prix d'achat exacerbé par le mauvais état des routes. Dans ce contexte, l'accessibilité aux fertilisants chimiques devient difficile, surtout pour les paysans.

Au centre de la chaîne, la palmeraie ou l'entité de production des régimes de palme

À l'échelle de l'exploitation agricole, l'activité élæicole est centrée sur la production des régimes de palme. Depuis le début des années 1990, le système élæicole camerounais est marqué par deux principaux secteurs à savoir le secteur agro-industriel et le secteur villageois.

Le système agroindustriel

Il existe six (6) agro-industries au Cameroun : la Cameroon Development Compagny (CDC), la SAFACAM, la PAMOL, Heracles Farm (HF), la SPFS et la SOCAPALM. Dans le cadre des privatisations, la SOCAPALM est liquidée en 2000 et rachetée par le groupe français Bolloré qui détient également la SAFACAM. Depuis 2001, le groupe Bolloré ayant par ailleurs acheté les palmeraies de SPFS contrôle plus de la moitié des surfaces plantées de palmier à huile au Cameroun.

Un secteur villageois indépendant et faiblement industrialisé

Le secteur villageois est animé par des acteurs appelés communément petits planteurs à cause du caractère réduit des surfaces mises en valeur comparativement à celles des agro-industries. En 2014, le recensement mené conjointement par le CIFOR/MINADER/UNEXPALM a montré l'existence de plus de 10 000 petits planteurs de palmiers à huile au Cameroun. Sur le plan spatial, ces exploitations familiales sont concentrées sur la côte, dans les régions du Littoral et du Sud-ouest. Il s'agit, en réalité, d'un secteur assez complexe où les pratiques industrielles et semi-industrielles côtoient les méthodes artisanales de production des régimes de palmes.

Toutefois, la faible pénétration des méthodes et techniques industrielles dans le secteur villageois constitue une réelle entrave à la compétitivité de la filière de l'huile de palme camerounaise. La persistance du système extensif dans ce secteur ne permet pas d'obtenir de meilleurs rendements. En 2015, les petits planteurs totalisaient plus de 70 000 ha de palmiers plantés qui produisaient environ 230 000 t de régimes par an (Ngom et *al.*, 2014). Cette faible productivité des plantations villageoises entraîne des répercussions sur le maillon aval de la chaîne de valeurs de l'huile de palme.

2. En aval, le maillon des industries de première et de seconde transformation

En aval de la filière ou de la chaîne de valeurs huile de palme, l'activité élæicole se résume à l'extraction d'huile de palme brute.

Le secteur de première transformation

Dans la filière huile de palme, le secteur de la première transformation concerne l'extraction d'huile de palme brute qui s'opère sous deux modes : l'extraction artisanale et l'extraction industrielle.

L'extraction artisanale de l'huile de palme brute

À l'origine, l'huile de palme est extraite de la pulpe des fruits à l'aide de méthodes traditionnelles qui se déclinent en cinq phases : la fermentation et l'égrappage des fruits, la stérilisation, le pilage, la trituration et la clarification. Cette transformation artisanale des fruits de palme est supplémentée, dans les années 1970, par les huileries industrielles dans le cadre de la mise en œuvre du programme de plantations villageoises qui obligeait les paysans à livrer la totalité de leurs récoltes aux huileries industrielles. Puis vint la crise des années 1980 avec la mise en œuvre des Programmes d'Ajustement structurel (PAS) et la fermeture du FONADER en 1991. Les paysans, libérés du joug des agro-industries, ont développé des alternatives pour l'auto-transformation de leurs récoltes que les agro-industries ne parvenaient plus à collecter. C'est ainsi que sont introduites les presses artisanales. Cette mutation est renforcée par l'arrivée de nouveaux acteurs, migrants de retour et élites urbaines en quête de reconversion, de diversification de leurs sources de revenus ou de construction d'assises politiques (Ndjogui, 2018).

Cependant, ces presses artisanales sont moins performantes que les huileries industrielles. Leur taux d'extraction oscille en effet entre 12 et 18 % contre 21 % pour les usines industrielles. Ainsi, une tonne de régime *tenera* traitée artisanalement permet d'obtenir entre 120 et 180 kg d'huile de palme alors qu'elle produit 210 kg d'huile de palme et 20 kg d'huile de palmiste lorsqu'elle est transformée par une huilerie (Bakoumé et *al.*, 2002).

L'extraction industrielle d'huile de palme brute

L'extraction industrielle d'huile de palme brute est effectuée par les agro-industries qui disposent d'huileries industrielles. Celles-ci sont systématiquement approvisionnées par les plantations industrielles. À ces approvisionnements s'ajoutent les productions de quelques plantations villageoises. À ce jour, il existe douze (12) huileries industrielles fonctionnelles au Cameroun dont la capacité de transformation s'élève à 275 t/h et le volume moyen annuel de traitement estimé à 500 000 t de régimes pour une production annuelle de plus de 107 000 tonnes d'huile de palme brute (*cf.* tableau 1). La capacité théorique annuelle de ces installations est estimée à environ 60 % tandis que les taux d'extraction avoisinent 21 % pour l'huile de palme et 4 % pour les palmistes (Bakoumé et *al.*, *Ibid.*). En gros, la majorité des huileries industrielles est vieille, ce qui réduit leur productivité.

***Tableau 1** : Les principales huileries du Cameroun*

Sociétés/Huileries	Installation/extension	Tonnage moyen (t)/an	Capacité (t/h)	Production huile de palme brute (t)
CDC/Idenau	1985	35 000	25	7 389
CDC/Mondoni	1971/1974	55 546	25	11 715
PAMOL/Lobe	1965/1992	62 637	20	11 757
PAMOL/Ndian	1935	21 300	15	N.C.
SPFS/Apouh-Édéa	1984/1992	45 695	10	9 780
SAFACAM Dizanguè	1980	45 786	20	9 441
SOCAPALM/Nkapa	1978/1985	86 837	40	18 279
SOCAPALM/Éséka	1973/1974	32 834	10	6 247
SOCAPALM Kienke	1982/1989	65 421	40	15 035
SOCAPALM Mbongo	1974/1982/2013	80 591	40	17 765
Héraklès Farms	2009	-	-	-
SOCA-PALM/Mbambou	2013	-	30	-
Total		510 347	275	107 408

Source : Ngom et al., 2014 ; SOCAPALM, 2020

En résumé, l'industrialisation du segment de la première transformation a connu un recul au début des années 1990 avec l'introduction des presses artisanales dans le secteur villageois. La faible productivité en huile de palme brute qui en découle est aggravée par la vétusté des huileries industrielles. Pourtant, les besoins vont *crescendo*, surtout ceux de la seconde transformation en pleine expansion avec la pression démographique galopante.

Une seconde transformation en pleine expansion et proche de la saturation

La seconde transformation regroupe les activités permettant d'élaborer une gamme variée de produits à base d'huile de palme ou de palmistes. Les acteurs intervenant dans ce segment incluent les savonneries, les raffineries et les margarineries. Le Cameroun compte plus d'une douzaine d'entreprises de seconde transformation d'huile de palme et de palmistes. Les principales sont SCR-MAYA, CCIC, NOSA, SCS, ISF, SOC, GIRAFE, S.MIDI, ICC, AZUR S.A. et les laboratoires BIOPHARMA. Plus de 50 % de ces entreprises sont localisées à Douala et ont été créées à partir des années 1990. Elles absorbent plus de 60 % de la production nationale d'huile de palme brute au Cameroun[8]. Cependant, l'offre nationale reste insuffisante pour satisfaire les besoins de ces entreprises. Selon l'Association des Raffineurs des Oléagineux du Cameroun (ASROC), le Cameroun traîne un déficit structurel de 160 000 t d'huile de palme brute par an. Pour combler ce gap, le Gouvernement autorise chaque année, à la demande du Comité de régulation de la filière des oléagineux, l'importation d'huile de palme brute et ses dérivés. Ainsi, pour le compte de l'exercice 2022, le Gouvernement a validé l'importation de 143 000 t d'huile de palme brute, contre 100 000 t en 2021 et 700 000 t en 2020[9].

Les marchés d'approvisionnement incluent la Malaisie, l'Indonésie, le Libéria et surtout, le Gabon qui bénéficie de l'installation du géant singapourien de l'agroalimentaire Olam dans le pays depuis 2017. Le dynamisme du maillon de la seconde transformation constitue une opportunité pour la croissance de la filière huile de palme en stimulant la production domestique d'huile de palme brute.

De ce qui précède, il ressort que les méthodes industrielles ont pénétré tous les maillons de la chaîne des valeurs de l'huile de palme, mais de manière différenciée. Si le segment de la seconde transformation s'est complètement industrialisé, il n'en va pas de même pour le segment de la production des régimes et de la première transformation. Le premier est plombé par l'inaccessibilité des matières premières, notamment les engrais chimiques et les semences améliorées tandis que le second fait face à la prolifération des presses artisanales. Pour lever ces contraintes, plusieurs pistes de solutions peuvent être échafaudées.

---

[8] www.agenceecofin.com, consulté le 08/10/2022.

[9] www.investiraucameroun.com, consulté le 08/10/2022.

Perspectives de développement durable de la chaîne de valeurs de l'huile de palme au Cameroun

Pour accélérer le processus d'industrialisation de la filière huile de palme au Cameroun, la structuration du secteur, la modernisation de l'appareil de production et l'amélioration de l'offre en infrastructures de base figurent parmi les premières pistes à explorer.

La structuration des acteurs de la filière huile de palme

Elle devrait s'appuyer sur la création d'une interprofession du palmier à huile, l'organisation des petits planteurs et le développement des partenariats autour de l'activité élæicole.

La création d'une interprofession élæicole

L'une des faiblesses de la filière huile de palme au Cameroun réside dans sa faible structuration malgré d'importants projets de développement mis en œuvre. Cette lacune institutionnelle se révèle lorsque l'on compare la filière palmier à huile à d'autres filières à l'instar du café et du cacao qui bénéficient d'un fort soutien du gouvernement camerounais. Certes, de nombreuses initiatives d'organisation des acteurs de la filière existent, mais elles manquent de cohérence et sont relativement déconnectées de la base. La culture du palmier à huile fait intervenir plusieurs acteurs incluant les chercheurs, les pépiniéristes, les petits planteurs, les agro-industries et les transformateurs. À l'échelle nationale, tous ces acteurs doivent mutualiser leurs forces dans le cadre d'une organisation indépendante ayant pour rôle de fournir un environnement favorable à la professionnalisation et au développement durable de la filière. Pour s'assurer d'une meilleure représentativité des petits planteurs au sein de cette interprofession, une organisation efficace de ces derniers est indispensable.

L'organisation des petits planteurs

Au Cameroun, les petits planteurs occupent près de 70 % des surfaces élæicoles et leurs activités se déploient dans l'anarchie totale, toute chose qui freine la diffusion des innovations industrielles. Il en résulte de bas rendements, une détérioration des conditions de vie des planteurs ainsi qu'une dégradation du capital naturel. La structuration des petits planteurs s'impose pour leur permettre de tirer profit des innovations techniques et technologiques en cours. Ceci passe par la mutualisation des activités élæicoles en faveur du développement industriel de la culture du palmier à huile au Cameroun. Cette synergie acteurielle revendiquée pourrait contribuer à la mue des exploitations actuelles en de véritables industries élæicoles à même de contrôler toute la chaîne des valeurs, de la production des semences aux industries de seconde transformation (raffineries et savonneries, etc.) en passant par la mise en place des huileries industrielles ou semi-industrielles. La voie royale pour y parvenir est la formation d'une coopérative au niveau de chaque département. Ainsi organisés, les petits planteurs peuvent nouer des partenariats équitables avec d'autres acteurs économiques.

Développement de partenariat avec d'autres acteurs

Les plantations villageoises ne sauraient se développer en vase clos, car le développement est avant tout une ouverture sur le monde. Aussi, pour développer leurs activités et tenant compte des contraintes multiformes qui entourent l'élæiculture, il importe pour les petits planteurs, de nouer des partenariats équitables avec d'autres acteurs, notamment les agro-industries. Pareil cadre de collaboration présente plusieurs avantages à la fois pour les coopératives, les petits planteurs et l'État camerounais. Au niveau des membres, au nombre des avantages, il y a la garantie de vente des régimes, les facilités de formation ou d'appui technique, d'acquisition des plants améliorés et des engrais, d'entretien des pistes de collecte des récoltes. Pour les petits producteurs structurés, ces partenariats permettent de se concentrer uniquement sur la production des régimes, leur laissant alors le temps de mener d'autres activités comme l'agriculture vivrière.

La modernisation de l'appareil de production

La modernisation de l'appareil de production passe prioritairement par l'amélioration de l'accès au matériel végétal de qualité, aux engrais et aux outils modernes de transformation des régimes de palme.

L'amélioration de l'accès au matériel végétal de qualité

Le matériel végétal revêt une importance capitale pour le développement d'une culture pérenne comme le palmier à huile. L'amélioration de la productivité des palmeraies villageoises et industrielles au Cameroun, l'augmentation des rendements, implique l'utilisation des variétés de palmiers à haut rendement qui, en plus d'accroître la productivité de la terre, permettent d'accéder à la certification et de limiter des extensions sauvages des surfaces élæicoles au détriment des forêts et des Hautes Valeurs de Conservation (HVC). Pour y parvenir, il est important de décentraliser la distribution des semences améliorées pour les rendre accessibles aux petits planteurs.

La création d'industries de production d'engrais

La faible utilisation des engrais chimiques au Cameroun, en particulier dans les palmeraies villageoises, demeure l'une des principales contraintes à l'augmentation de la productivité élæicole au Cameroun. Cette faiblesse est due au manque de matières premières bon marché pour la production d'un engrais accessible et des besoins élevés en capitaux pour investir dans les installations d'une unité de production. À titre illustratif, le Cameroun ne dispose d'aucune réserve de phosphore ni de potasse connue (James, 2018). Pour lever la contrainte des coûts de production élevés, le Cameroun gagnerait à tirer profit du Mécanisme africain de financement du développement des engrais pour développer le sous-secteur engrais. Ceci passe prioritairement par le renforcement de l'intégration régionale en mettant l'accent sur le développement des corridors régionaux, le démantèlement des barrières tarifaires, le soutien de la recherche, la création des consortiums d'investisseurs et des Partenariats Publics-Privés (PPP) pour la mise en place des usines. L'existence d'une loi d'incitation à l'investissement et de la MAGZI et la participation du Cameroun aux initiatives régionales et mondiales pour la mise en œuvre du développement durable, de préservation de l'environnement et de lutte contre la pauvreté constituent de réelles opportunités pour le développement du secteur engrais indispensable à la transformation structurelle de l'agriculture en général, et de l'élæiculture, en particulier.

Mise en place d'huileries semi-industrielles ou industrielles

La modernisation des outils de transformation des régimes de palme issus des palmeraies villageoises est l'une des principales clés d'augmentation de la production d'huile de palme brute du secteur villageois. La création d'une huilerie semi-industrielle ou industrielle au sein de chaque coopérative s'inscrit dans cette perspective. Cette structure aurait un double impact économique et environnemental. Sur le plan économique, elle permettrait de relever le taux d'extraction des installations du secteur villageois. Du point de vue environnemental, les déchets seraient mieux contrôlés et valorisés, diminuant ainsi le risque de pollution engendrée par l'expansion anarchique des presses artisanales. Parallèlement, les huileries industrielles, pour la plupart déjà vétustes, devront connaître une mue à même d'augmenter substantiellement les rendements en huile de palme brute.

Le développement des infrastructures de transports

Indépendamment des bassins de production, le transport est l'un des problèmes majeurs auxquels sont confrontés les petits planteurs. Ce problème s'exprime aussi bien en termes de quantité que de qualité et influe sur la durée du déplacement des personnes et des biens. Avec un réseau peu dense et insuffisant, les routes de terre sont en majorité dangereuses, en particulier pendant la saison des pluies où elles deviennent quasiment impraticables. Sur les voies bitumées, le passage récurrent des gros transporteurs, le manque d'entretien et la forte pluviosité détruisent facilement l'asphalte qui disparaît peu à peu pour laisser place à des nids de poule, lesquels sont parfois gigantesques. Dans ces conditions, les activités élæicoles ont du mal à se déployer. Le désenclavement des bassins de production est donc recommandé pour faciliter le déplacement des personnes et des biens.

L'augmentation de l'offre énergétique

Le Cameroun dispose d'une variété de sources d'énergie pouvant être mobilisées pour le développement industriel du pays en général et de l'industrie élæicole en particulier (*cf.* tableau 2).

Tableau 2 *: Les principales huileries du Cameroun*

Ressources	Appréciation	Données disponibles
Pétrole	Modeste	30 millions de t
Gaz naturel	Modeste	186 milliards m^3
Énergie renouvelable	Important	-
Hydroélectricité	Important	20 GW

Source : INS, 2012

Cependant, malgré ce riche potentiel, 46 % des ménages (dont 81 % en milieu rural et 12 % en milieu urbain) ne disposent pas d'électricité. Le bois reste la principale source d'énergie pour près de 70 % des ménages camerounais. Cette proportion atteint plus de 90 % en milieu rural (INS, 2016) où se déploient l'essentiel de l'activité élæicole. L'hydroélectricité reste la principale source d'énergie utilisée au Cameroun. Son potentiel est estimé à plus de 20 GWhs. Toutefois, malgré un accroissement de l'offre d'électricité à 4,3 % entre 2009 et 2010 (INS, 2012), le réseau de distribution d'électricité reste insuffisant, surtout en milieu rural où se déploient les activités élæicoles. Il reste à espérer que la mise en service complète des barrages de Memve'le, Lom-Pangar, Mékin, Natchigal et la réhabilitation de celle de Song-Loulou améliorent l'offre énergétique aux paysanneries camerounaises tant en qualité qu'en quantité.

En parallèle, la production d'hydro-électricité devrait être soutenue par la promotion des mini-barrages communautaires, de l'énergie solaire et de la bioénergie dans un système de mix énergétique et d'économie circulaire, notamment en milieu rural, siège des activités élæicoles. Certaines agro-industries ont, par exemple, compris l'importance de l'autoproduction d'énergie à partir de la biomasse. Elles autoproduisent, à partir de leurs déchets, plus 170 GWhs d'électricité par an, dont 88 GWhs provenant de SODECOTON, SOCAPALM et CDC (SIE, 2011). L'exemple de la SOCAPALM atteste à suffisance que le secteur palmier à huile présente un grand potentiel pour la production de l'électricité à partir de la biomasse et qu'il suffit de valoriser.

Conclusion

En définitive, le processus d'industrialisation de la filière huile de palme a atteint tous les maillons de la chaîne de valeurs du palmier à huile au Cameroun. Initié au début des années 1940, il s'est poursuivi après les indépendances avec la mise en place des complexes agro-industriels dans un souci d'optimisation de la production d'huile de palme brute et de développement du milieu rural. Toutefois, tous les maillons sont loin d'être logés à la même enseigne. Ainsi, le maillon aval, en l'occurrence la seconde transformation, est proche de la saturation. Il n'en est pas de même du maillon intermédiaire (production des régimes de palme) qui souffre encore de l'inaccessibilité du matériel végétal sélectionné ou de la première transformation (extraction d'huile de palme brute) encore dominé par des huileries vétustes et les pratiques artisanales. Au-delà de l'amélioration de l'offre infrastructurelle de transport et d'énergie, la création d'une interprofession élæicole, la structuration institutionnelle des petits planteurs en coopératives ou autres associations, et la mise en place d'huileries semi-industrielles ou industrielles communautaires, comprenant le développement de partenariats entre les acteurs élæicoles et la redynamisation du Programme National de Recherche sur le Palmier à Huile (PNRPH), constituent des pistes d'accélération du processus d'industrialisation de la filière huile de palme au Cameroun. Pour ce faire, le pays peut compter, entre autres, sur la mise en œuvre de la stratégie nationale de développement durable du palmier à huile en cours de révision, la finalisation des projets énergétiques en cours et l'adhésion du Cameroun à la certification RSPO qui offrent d'importantes opportunités à l'intégration harmonieuse des différents maillons de la filière huile de palme et au développement durable du secteur palmier à huile.

Bibliographie

Abreha Kaleb G., Kassa Woubet, Lartey Emmanuel K. K., Mengistae Taye A., Owusu Solomon, Zeufack Albert G., 2022. *L'industrialisation en Afrique subsaharienne. Saisir les opportunités offertes par les chaînes de valeur mondiales*, AFD, Groupe de la Banque mondiale, 227 p.

Ait Ali Abdelaaziz, Msadfa Yassine, 2019. « La Transformation structurelle au Maroc et Chaînes de Valeurs Mondiales : Une vulgarisation du Débat », *Policy Center for the New South*, Rabat-Maroc, 28 p.

Ammi Amira, Talbi Badreddine, 2022. « La transformation structurelle de l'économie algérienne : État des lieux », *Revue d'économie et de statistique appliquée*, Vol. 19, N° 3, p. 71-82

Avom Désiré, Nguekeng Bernard, 2020. « Transformation structurelle des économies d'Afrique subsaharienne : quels rôles des chaînes de valeurs mondiales ? », *Revue d'Économie du développement*, Vol. 28, N° 4, p. 5-46

Bakoumé Claude, Jannot Claude, Rafflegeau Sylvain, Ndigui Benjamin, Weise Stéphane, 2002. « Revue du secteur rural : Études complémentaires sur la relance des filières hévéa et palmier à huile : rapport palmier », IRAD/CIRAD/IITA, 80 p.

Banque Africaine de Développement, 2013. « La transformation structurelle en Afrique centrale, Perspective historique et recommandations à moyen terme », Revue thématique trimestrielle Afrique Centrale, Édition N° 2, août 2013, 11 p.

Bockel Louis, Tallec Fabien, 2005. « L'approche filière : Analyse fonctionnelle et identification des flux. Outils analytiques », Module EASYPol 043, Division de l'Assistance aux Politiques, FAO, Rome, Italie, 23 p.

Botele Ndiomo Félix, 1973. *L'incidence du palmier à huile sur le développement économique et social du Cameroun*, Mémoire de Licence, Sciences économiques, Université de Yaoundé, xxx p.

Cadot Olivier, De Melo Jaime, Plane Patrick, Wagner Laurent, Tesfaye Woldemichael Martha, 2016. « Industrialisation et transformation structurelle : l'Afrique subsaharienne peut-elle se développer sans usines ? », *Revue d'économie du développement*, N° 2, Vol. 24, p. 19-49

Champaud Jacques, 1972. « Genèse et typologie des villes du Cameroun de l'ouest », Cah. O.R.S.T.O.M., sér. Sci. Hum., Vol. IX, N° 3, p. 325-336

Clark Colin, 1960. "The conditions of economic progress", *Population*, Vol. 15, N° 2, p. 374-375

Commission économique des Nations Unies pour l'Afrique, « Mécanisme africain de financement du développement des engrais », La Section des communications.

Durufle Gilles, Fabre Pierre, Yung Jean-Michel, 1988. *Les effets sociaux et économiques des projets de développement rural, Manuel d'évaluation*, ministère de la Coopération, « Méthodologie de la planification », N° 22, 201 p.

Duteurtre Guillaume, Mian Oudanang Koussou, Leteuil Hervé. 2000. « Une méthode d'analyse des filières », Synthèse de l'atelier du 10-14 avril 2000, LRZV, N'Djaména : document de travail, N'Djamena : PRASAC, 46 p., Atelier de formation à l'analyse filière, N'Djaména, Tchad, 10 avril 2000/14 avril 2000.

Fossung Esua Y. W., 2001. "The Role of Plantation Agriculture in Regional Development: The case of the Cameroon Development Corporation", p. 370-388, *in* Lambi Cornelius Mbifung, Eze Bassey Eze, *Readings in Geography*, Unique Printers Bamenda.

Hayami Yujiro, Ruttan Vernon W., 1971. "Agricultural Development: An International Perspective", Baltimore MD: Johns Hopkins University Press, xiv + 367 p.

Hugon Philippe, 1998. « Avantages comparatifs, compétitivité et organisation des filières ».

Kaplinsky Raphaël, Morris Mike, 2001. "A Handbook for Value Chain Research", Working Paper Prepared for the IDRC, Institute for Development Studies, Brighton, UK.

Kpemoua Palakiyèm, 2016. « Croissance agricole, transformation locale des ressources naturelles et industrialisation au Togo », Munich Personal RePEc Archive, MPRA Paper No. 77383 Online at https://mpra.ub.uni-muenchen.de/77383/.

Kuznets Simon, 1966. "Modern Economic Growth, Rate, Structure and Spread", New Haven and London Yale University Press, 529 p.

L'Institut National de la Statistique, 2012. *Annuaire statistique du Cameroun*, Yaoundé, 445 p.

Lewis W. Arthur, 1955, "The theory of economic growth", Homewood, Hill: Irwin Richard D., Vol. 18, N° 1, p. 453.

Ministère de l'Agriculture et du Développement Rural, 2009. « Étude de Faisabilité d'un Programme de Développement des Plantations Villageoises de Palmier à huile », PACA, Yaoundé, 155 p.

Ministère de l'Agriculture et du Développement Rural, 2012. « Rapport d'étude d'identification et de caractérisation des bassins de production de palmier à huile dans le département de la Sanaga-Maritime », Programme de Développement des Plantations Villageoises, Yaoundé.

Ministère de l'Eau et de l'Énergie, 2012. « Situation énergétique du Cameroun », SIE-Cameroun, 245 p.

Ministère des Mines et de l'Énergie, consulté le 25 avril 2021, URL : https://www.usgs.gov/centers/nmic/africa-and-middle-east#cm

Ministère des Travaux Publics, 2006. « Plan directeur routier du Cameroun », 58 p.

Ndjogui Thomas Éric, Nkongho Raymond Ndip, Rafflegeau Sylvain, Feintrenie Laurène, Levang Patrice, 2014. « Historique du secteur palmier à huile au Cameroun », Document occasionnel 109, CIFOR, Bogor, Indonésie, 67 p.

Ngom Emmanuel, 2013. « Vers une stratégie nationale de développement durable de la filière palmier à huile au Cameroun », MINADER, Atelier ESPO du 26 au 28 juin 2013 à Douala.
Ngom Emmanuel, Makoudjou Tchendjou Adeline Carine, Levang Patrice, 2014. « Recensement du secteur non industriel de la production d'huile de palme au Cameroun », Rapport provisoire PDPV/IRD/CIFOR.
Ngom Emmanuel, Ndjogui Thomas Éric, Nkongho Raymond Ndip, Iyabano Aboubakar Hayatou, Levang Patrice, MIARO III Ludovic, Feintrenie Laurène, 2014. « Diagnostic du secteur élaeicole au Cameroun », Rapport de synthèse.
Organisation des Nations Unies pour le Développement Industriel, 2011. « Diagnostic de la chaîne de valeur industrielle : Un outil intégré », Vienne, Autriche, 137 p.
Porter Michaël, 2003. L'Avantage concurrentiel. Comment devancer ses concurrents et maintenir son avance, éd. Dunod, Coll. « Stratégies et management », 664 p.
Quesnay François, 1958. *François Quesnay et la physiocratie*, Institut National d'Etudes Démographiques, p. 483.
Rosenstein-Rodan Paul Narcyz, 1943. "Problems of Industrialisation of Eastern and Southeastern Europe", The Economic Journal, Vol. 53, No. 210/211 , p. 202-211, Oxford University Press.
Rostow Walt Whitman, 1960. "The Stages of Economic Growth", 2nd ed., New York, Cambridge University Press.
Ruttan Vernon W., 1955. "The Impact of Urban-Industrial Development on Agriculture in the Tennessee Valley and the Southeast", *Journal of Farm Economics*, p. 169-192.
Seminar on Mainstreaming Energy for Sustainable Development Goals (SDGs), Targets and Indicators into Statistical Programmes in Select African Countries, 27 june 2016 - 29 june 2016, Addis Ababa, Ethiopia.
Timmer C. Peter, 2007. "The Structural Transformation and the Changing Role of Agriculture in Economic Development: Empirics and Implications", *Washington, DC: American Enterprise Institute*, 146 p.
Timmer C. Peter, 2009. "A World without Agriculture: The structural Transformation in Historical Perspectives", *The AEI Press, Washington, DC: American Enterprise Institute,* 53 p.
Wonyra Kwami Ossadzifo, 2019. « Transformation structurelle et industrialisation : analyse des interactions entre les services de télécommunications et le secteur manufacturier en Afrique Subsaharienne », Revue Internationale des Economistes de Langue Française (RIELF), Vol. 4, N°2
Young Arthur, 1931. *Voyages en France en 1787, 1788 et 1789*, Armand Colin, 1283 p.

DEUXIÈME PARTIE

INDUSTRIALISATION ET TERRITOIRE

Les communautés locales face à l'industrialisation de la région de Kribi : des populations en cours de déterritorialisation ?

Hervé Tchékoté
Université de Dschang
herve_tchek@yahoo.fr

Chapgang Noubactep
Université de Dschang
tatchapzoup@gmail.com

Priscele-Daniela Mendo Nguema
Université de Dschang
danielanguema7@gmail.com

Dans une dynamique d'émergence, les pays en développement mettent un accent particulier sur le renforcement de leur tissu industriel. En Afrique, la quasi-totalité des stratégies de développement se focalise principalement sur l'amélioration des capacités de production des industries existantes, la création de nouvelles industries ou encore la construction des infrastructures susceptibles d'engranger l'essor des activités industrielles. L'intérêt que ces pays portent à l'industrialisation s'explique par le fait que, depuis la première révolution industrielle survenue à la fin du XVIIIe siècle, l'industrialisation se positionne de loin comme le principal moteur de la croissance et partant du développement. Elle constitue à ce titre pour les théoriciens du développement, la condition *sine qua non* à la création des richesses susceptibles de porter la croissance durable utile au développement économique et social (Cazes, Domingo, 1987 ; Brasseul, 1993).

Au Cameroun, comme partout ailleurs, l'État a fait de l'industrialisation l'un de ses principaux objectifs de développement. Ainsi, dans sa vision pour l'émergence à l'horizon 2035, le pays entend devenir un Nouveau Pays Industrialisé (MINEPAT, 2009). Cette vision se traduit schématiquement par la validation d'une stratégie d'industrialisation basée sur trois axes majeurs : (i) la promotion du secteur manufacturier qui s'articule autour de la révolution agricole, le développement des industries extractives, la promotion des

PME et la mise à niveau des entreprises ; (ii) le développement social qui suggère la formation du capital humain et l'amélioration du niveau de développement humain ; (iii) le développement des infrastructures d'appui à l'industrialisation, qui passe par la mise en œuvre d'un ensemble de projets structurants à travers le pays. Les cas les plus illustratifs sont les barrages de Memve'le et Lom Pangar, le port en eau profonde de Kribi et son complexe industrialo-portuaire, etc.

Le premier et le troisième axes de cette stratégie ont un point en commun, notamment la conquête des zones périurbaines ou rurales, faute d'espaces disponibles dans et autour des grandes métropoles ou en raison de la proximité des matières premières. Toutefois, dans les espaces industriels en devenir, les communautés locales sont relativement moins préparées et bousculées par les processus de changement visés ou souhaités. Pourtant, la prise en compte des locaux dans un processus de mise en place des projets de développement est primordiale pour garantir le bien-être et le suivi de tout en revoyant leurs niveaux de vie à la hausse (BAD, 2009).

L'industrialisation entraîne en effet de nombreux bouleversements spatiaux, sociaux, culturels et économiques en corrélation avec l'évolution des modes de penser et d'agir des communautés dont les espaces de vie abritent les infrastructures engagées (Mwepu-Kyabutha, 1967 ; Thune, 2011). Mieux encore, ces espaces sont exposés à une urbanisation rapide favorisant la reconfiguration des modes de vie et la réorganisation des activités locales, cela s'accompagne de multiples tensions sociales qui naissent ou se manifestent sous le prisme des antagonismes entre tradition et modernité, rupture et continuité. Ces tensions entretiennent une série d'interrogations sur l'organisation ainsi que le devenir des communautés locales face aux changements induits par l'indistrialisation.

Kribi, au regard de sa proximité avec la mer, mais aussi de la richesse de son hinterland en matières premières, fait partie des territoires camerounais intégrés à la stratégie d'industrialisation du pays. De nombreux projets y ont été développés au cours de ces dernières décennies ; des projets énergétiques d'envergure aux projets de transports en passant par les industries de transformation. Il est donc naturel, au regard des mutations induites, de questionner les impacts de l'industrialisation sur ce territoire, notamment sur les structures sociales, économiques locales et surtout sur les communautés locales. De ce fait, la question se pose de savoir comment les communautés locales s'adaptent aux changements sociaux et économiques impulsés par l'industrialisation. Sur la base de ce questionnement, la présente réflexion se propose, à partir de l'industrialisation de la région de Kribi, de documenter les effets et les enjeux de l'industrialisation sur le devenir des communautés locales. En se fondant sur l'hypothèse selon laquelle l'industrialisation entraîne de profondes reconfigurations dans les structures mentales, sociales, culturelles et économiques des communautés locales des espaces récepteurs, cette étude aborde l'industrialisation comme l'un des principaux moteurs des mutations sociales dans les espaces périurbains et ruraux de Kribi.

I. Méthodologie

La réflexion est menée dans la région de Kribi située au fond du Golfe de Guinée entre le 2° 56' 04 '' Nord et le 9° 54' 19 '' Est (*cf.* carte 1).

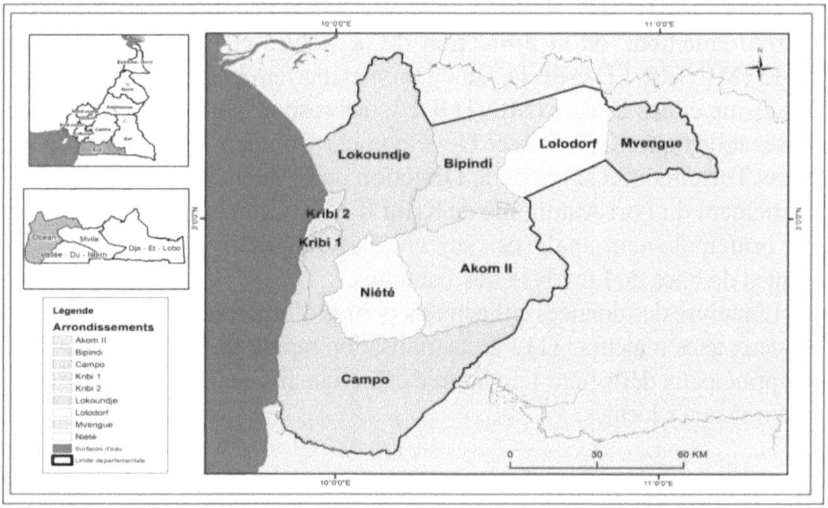

***Carte 1** : Localisation de Kribi et de sa région industrielle*
Source : Carte administrative du Cameroun

La ville de Kribi est le chef-lieu du département de l'Océan dans la région administrative du Sud. Elle est située à environ 160 km au sud de Douala, la capitale économique du Cameroun. Le choix de la région de Kribi comme zone d'étude tient principalement au fait que les politiques publiques la tiennent pour le futur poumon économique du pays. Cette région est en effet aujourd'hui en pleine industrialisation et les aménagements qui y sont effectués ne sont pas sans incidences sociales et économiques sur les communautés locales, d'une part, et sur leur devenir en tant qu'entité socio-anthropologique, d'autre part.

Sur le plan des données à analyser, l'étude en a collecté deux types : les données primaires et les données secondaires. Les dernières sont issues de la littérature en rapport avec l'industrialisation de la zone de Kribi, les études d'impact des projets industriels, miniers ou structurants sur les communautés locales. Les données primaires, quant à elles, découlent des observations directes et des entretiens menés auprès des représentants des communautés locales, notamment ceux de Bagyélis, de Lokoundje, de Lolabé, de Bipaga II, de Grand Batanga et de Mpolongoué. Ces représentants ont été sélectionnés au regard de la proximité de leurs villages des grands projets initiés dans la région. Des entretiens ont également été menés auprès des responsables de la Mission d'Étude pour l'Aménagement de l'Océan (MEAO), de la Délégation départementale du ministère de l'Environnement, de la Protection de la Nature et Développement Durable (MINEPDED), de la Délégation départementale du ministère du Tourisme et des Loisirs (MINTOUL), des responsables QHSE des entreprises telles que Kribi Power Development Company S.A., Kribi Conteneurs Terminal (KCT) et de la Direction de l'Aménagement et de l'environnement du Port Autonome de Kribi (PAK). Les données collectées ont été principalement analysées sur une base qualitative à partir des techniques de base de l'analyse des contenus.

L'analyse des données collectées a permis d'organiser la réflexion autour de deux axes majeurs : (1) l'industrialisation rapide de la région de Kribi et ses principaux défis pour l'économie camerounaise et (2) ses impacts sur les communautés locales.

II. Résultats

A. Kribi, une zone industrielle en plein essor sur des terres aux populations attachées à leurs terroirs

1. Le port autonome de Kribi, un retour en force sur la scène nationale

Le port de Kribi a été créé en 1886 sous la colonisation allemande. Initialement, il se déclinait en trois ensembles bien distincts à savoir : le port de Kribi proprement dit, la rade de la Loukoundjé en activité depuis 1971 suite à l'installation de la Société Forestière et Industrielle de la Loukoundjé, et le débarcadère d'Ipono géré depuis 1966 par la Forestière de Campo. Jusqu'en 1994, le trafic au port de Kribi était dominé par l'exploitation du bois et du cacao. Les importations, quant à elles, concernaient principalement le ciment, la farine, certains produits de première nécessité (sucre, sel, lait, etc.), les tôles et les hydrocarbures (pétrole, essence, gasoil, lubrifiants). Ces produits représentaient environ 10 % du trafic portuaire. À partir de 1973, l'importation du sucre, puis celle des autres denrées furent stoppées et, en 1989, le port de Kribi fut exclu des importations (Mbaha, Ba'ana Etoundi, 2021). S'annonce alors une longue descente aux oubliettes. Dès ce moment, le port de Douala a renforcé sa polarisation sur l'ensemble des activités d'exportation et d'importation du pays et de la sous-région.

Après la récession de la décennie 1980 qui a secoué l'ensemble des économies des pays de l'Afrique subsaharienne, la relance économique mit en exergue les faiblesses du port de Douala, devenu la « principale porte d'entrée » du pays. Il s'agit notamment de son fort engorgement et surtout du problème lié à l'ensablement du fait de sa position. Ainsi, la question de la rénovation du port en eau profonde de Kribi revint sur la table et l'État en lança le projet en 2008. L'objectif étant d'intensifier le développement économique du Cameroun à partir d'un projet intégrateur et générateur de croissance, d'emplois et de richesses. Il va donc consister principalement en la construction d'une digue de protection, d'un chenal d'accès, des terminaux polyvalents, conteneurs et hydrocarbures avec leurs équipements associés.

2. L'émergence d'une zone industrielle dans la région kribienne

Dans l'optique de ventiler les infrastructures de développement sur l'ensemble du territoire camerounais pour assurer un développement équilibré de l'espace national, l'État du Cameroun a repensé sa stratégie d'intervention en réorientant sa politique industrielle dans une perspective plus large et globale. Cette démarche l'a amené à construire un schéma directeur d'ensemble plus cohérent avec comme *leitmotiv* de doter chaque région d'un pôle industriel devant servir de locomotive à son arrière-pays. C'est ainsi que, fort de son potentiel naturel (sous-sol riche et un rivage maritime propice à la construction de grandes infrastructures portuaires), la région de Kribi a été projetée, pour les décennies à venir, comme l'une des régions industrielles les plus importantes du pays. Cette vision s'est traduite concrètement par des engagements visibles sur le terrain et dont la lecture peut se faire sur un double plan. Premièrement, on peut observer la mise en place d'un certain nombre de projets structurants à Kribi et dans ses environs avec pour objectif de faciliter les échanges. C'est le cas, avec la mise sur pied du Complexe Industrialo-Portuaire de Kribi, l'aménagement de l'autoroute Kribi-Edéa, du projet de construction de la route Kribi-Campo ou de la ligne de chemin de fer reliant Mbalam à Kribi. Deuxièmement, on note aussi la volonté de l'État de renforcer le tissu industriel local en autorisant l'exploration ou des études de préfaisabilité (puis de faisabilité) pour la mise en place des projets d'exploitation minière ou l'installation des projets énergétiques. On peut, dans ce sens, citer les études de préfaisabilité du projet l'exploitation du fer de la Lobé par SINISTEEL CAM SA[10], la construction d'une centrale à gaz par Kribi Power Development Company (KPDC) à Mpolongoue, ou encore l'exploitation du pétrole par PERENCO sur le site de Bipaga. À ces entreprises, il faut ajouter celles exerçant dans des domaines aussi divers que : l'agroalimentaire, la cimenterie, le génie civil, les télécommunications, notamment Tractafric, Zin Industries, Atlantic Cocoa, Cemtech Industries Cameroon, Ocean Shipping and Logistics Compagny SA, Island Service (Kil), de la Société d'exploitation des parcs à bois du Cameroun (SEPBC) pour ne citer que celles-ci. Depuis l'entrée en activité du Port Autonome de Kribi (PAK), en mars 2018, 208 demandes d'installation émises par des entreprises pour sa zone logistique ont été traitées, soit une surface sollicitée de 4 138, 9214 ha.

Au regard de ce qui précède, l'industrialisation de la région de Kribi apparaît, à bien des égards, un tremplin pour la relance de l'exploitation minière et énergétique au Cameroun. En effet, en 2009, alors que le trafic portuaire du Cameroun est à près de 9 millions de tonnes, les projections pour la première phase de construction du Complexe Industrialo-Portuaire de Kribi sont de 37 millions de tonnes[11]. Cette projection s'adossait sur la mise en œuvre d'un ensemble de projets miniers dont l'exploitation du fer de Mbalam, du diamant de la Boumba et Ngoko, du cobalt de Lomié, de l'uranium de Poli et bien d'autres projets en cours de finalisation dans le sud et à l'est du pays. L'idée étant de développer à partir de ces ressources un ensemble d'industries lourdes et de hâter la transformation locale de toutes ces matières premières afin d'éviter l'exportation primaire. À la pléthore des industries installées et celles à venir, la région kribienne s'annonce également être un gigantesque bassin d'emplois pou-

---

[10] Le fer de Lobé est actuellement estimé à 632,820 millions de tonnes dont 33 % sont exploitables. L'épaisseur de la couche est comprise entre 47 mètres et 83 mètres.
[11] Données d'enquête, mai 2019.

vant générer près de 40 000 postes de travail. Dans cette perspective, le projet de construction du port en eau profonde de Kribi avait prévu la construction d'une ville nouvelle d'environ 100 000 habitants dans les encablures de la zone industrielle, une ville qui accueillerait le trop-plein des personnes attirées par le port et les industries. C'est dire que l'industrialisation de la région kribienne entend, avant toute chose, intensifier le commerce et les échanges régionaux et sous régionaux, relancer l'exploitation minière, générer les emplois décents et, surtout, hâter le développement de l'hinterland.

3. La redynamisation du commerce et l'intensification des échanges nationaux et sous-régionaux

L'industrialisation rapide observée autour de la région kribienne au cours de ces dernières décennies rend compte de la volonté du Cameroun de renouer avec la croissance et de se projeter dans un avenir proche comme l'un des pays à revenus intermédiaires de la sous-région. En effet, depuis la crise de la décennie quatre-vingts, et les plans d'ajustement structurel qui ont suivi, le pays peine à retrouver ses performances économiques d'antan même si les efforts conjugués du gouvernement et de ses multiples partenaires ont réussi à porter le taux de croissance annuel à 5,2 %. Cependant, bien qu'encourageant, ce taux reste largement en deçà de la moyenne régionale qui est de 7 % et insuffisant pour atteindre les objectifs de développement fixés ; ce qui appelle à trouver des stratégies de relance. En effet, si le pays veut atteindre le cap de l'émergence à l'horizon 2035, il lui faut atteindre un taux de croissance d'au moins 9 %.

La zone industrialo-portuaire de Kribi est alors pensée pour devenir la locomotive de l'émergence du Cameroun. À terme, elle sera de loin la plus grande zone industrielle du pays en termes de superficie avec près de 3 000 ha contre 400 ha pour la zone Yassa, la plus grande zone industrielle existante à l'heure actuelle. L'État mise surtout sur le port, en activité depuis mars 2018, pour accélérer son développement économique en raison de l'effet d'entraînement que celui-ci aura sur la création des industries, le développement urbain, le développement des infrastructures énergétiques, les transports routiers, ferroviaires et aériens. De ce fait, ce port est conçu pour accueillir de grands navires de commerce d'une capacité allant jusqu'à 100 000 tonnes et d'un tirant d'eau de 15 à 16 mètres. Cette capacité d'accueil lui permet de pallier les insuffisances du port de Douala jusqu'ici limité aux navires de 15 000 tonnes et de 6 à 7 mètres de tirant d'eau. Avec ces deux ports en service, le Cameroun est assuré de renforcer ses possibilités d'échange et d'atteindre un avantage comparatif sur les autres ports de la région tels que Lomé et Lagos. D'ailleurs depuis sa mise en service (*Cf.* tableau 1) le port de Kribi connaît d'importants trafics.

***Tableau 1** : Données statistiques de trafics du port autonome de Kribi pour la période de 2018-2020*

RUBRIQUE ESCALE ET VOLUME MARCHANDISES	2018	2019	2020
ESCALE TECHNIQUE	2	3	113
TERMINAL GAZIER-HILLI EPISEYO (Offshore)	27	36	36
TERMINAL PÉTROLIER EBOME (Offshore)	-	5	5
TERMINAL PÉTROLIER KBOME KRIBI (Offshore)	51	54	51
TERMINAL A CONTENEURS (Onshore)	192	197	223
TERMINAL POLYVALENT (Onshore)	33	36	33
TOTAL DES ESCALES	295	331	461
Import pleins en EVP	9 649	8 566	23 195
Export pleins en EVP	3 046	8 310	7 347
Total import/export en EVP	12 695	16 876	30 542
Transbov V+P EN EVP	12 185	124 829	201 563
Vies (I+E) en EVP	2 940	11 696	7 766
TOTAL TRAFIC CONTENEURS (VIDES+PLEINS) EN EVP	135 820	153 403	239 871
Importations en tonnes	33 021	106 168	290 595
Exportations en tonnes	6 300 670	8 424 054	7 985 599
TOTAL VOLUME DE TRAFIC EN TONNES	6 333 691	8 530 222	8 276 194

Source : https://www.pak.cm/fr/chiffres-cles

Le décollage des activités du port autonome de Kribi est effectif avec des résultats plus ou moins reluisants. Il couvre environ 50 destinations au départ comme à l'arrivée, ce qui confirme sa présence sur les grandes routes maritimes internationales. Au niveau de la sous-région, il est inclus dans le programme consensuel de développement des infrastructures de transport en Afrique centrale, ce qui atteste de sa place centrale dans les échanges sous régionaux.

4. Des populations attachées à leurs terroirs

L'industrialisation de Kribi et sa région ne se fait pas dans un *no man's land*. Elle intervient, en fait, dans une région habitée par des communautés locales et riche en biodiversité. Les populations autochtones de la région de Kribi sont constituées des Pygmées et des Bantous qui sont de loin les plus représentatifs (Iyasa, Mabi, Batanga, Fang, Bakoko, Bagyéli). Ces populations vivent principalement de l'agriculture vivrière constituée de petites plantations de manioc, de fruits et de légumes locaux ainsi que de la pêche artisanale en mer, l'une des plus anciennes activités des peuples côtiers. Le poisson est pour ceux-ci une source d'alimentation fondamentale et la pêche une importante source de revenus (*cf.* planche photo 1).

***Planche photographique 1** : Aperçu des pirogues de pêche artisanale et moteur puis de quelques produits de la pêche*
Source : Enquête de terrain, 2021

La planche photo ci-dessus met en exergue les pirogues utilisées pour la pêche artisanale et quelques-uns de ses produits. C'est autour de cette activité et de différents produits dérivés, notamment le poisson, les crustacés ou les coquillages, commercialisés à l'état frais ou conditionné, que s'organise l'économie traditionnelle ou sociale dans la région du Sud, en général, et à Kribi, en particulier. On constate également que l'industrialisation bat son plein dans la modernisation de ce secteur. Ainsi, pour la satisfaction des populations et face à la demande sans cesse croissante, les pêcheurs modernisent leurs activités en utilisant des pirogues améliorées donc à moteurs (*cf.* planche photo 2, b). C'est aussi grâce à la pêche artisanale que les peuples présents sur ces côtes arborent le diminutif de « pêcheurs », lequel constitue aujourd'hui leur principale identité. À côté de la pêche qui structure pour l'essentiel le système de valeur et de production locale, les populations autochtones tirent encore quelques subsides du tourisme grâce aux belles plages de Grand Batanga et à la promenade en pirogue sur le site des chutes de la Lobé.

***Planche photographique 2** : Aperçu de la plage de sable et de la chute de la Lobé*
Source : Enquête de terrain, 2021

La ville de Kribi doit beaucoup au tourisme qui forme, de loin, l'une de ses principales activités économiques. Avec plus de 30 sites reconnus officiellement comme sites touristiques, notamment des campements, des vestiges coloniaux, certains villages, et des maisons, elle figure d'ailleurs parmi les principales destinations touristiques du pays en raison non seulement de l'originalité de ses sites naturels tel que le présente la planche photo 2, mais aussi et surtout de son riche patrimoine culturel. Les villages des pêcheurs et les campements des Pygmées en sont quelques illustrations. Ces territoires, aujourd'hui très idéalisés par les touristes et mis en danger par l'industrialisation, sont le produit d'un construit des communautés locales, leur terroir, mieux encore leur espace de vie.

Au cours de ces dernières années, aux activités traditionnelles menées par les populations locales à Kribi s'est ajoutée l'exploitation du sable (*cf.* planche photo 3). L'essor de cette activité s'explique par la forte demande immobilière résultant de l'arrivée massive des industries et des populations en quête d'emplois. Cette exploitation, pour l'heure encore artisanale, se concentre principalement le long de la côte. Elle permet aux populations qui s'y investissent, à défaut d'un emploi stable, de générer les revenus utiles à l'amélioration de leur condition d'existence. En outre, cette activité semblant simple est de plus en plus très dangereuse pour l'environnement, car des impacts sont déjà perceptibles tout au long des côtes à l'instar de l'avancée de la mer, de l'érosion, de la destruction des espaces verts (plage de Ngoye) pour ne citer que ceux-ci.

***Planche photographique 3** : Exploitation artisanale du sable à Kribi*
Source : Enquête de terrain, 2021

Au demeurant, entre les efforts de valorisation du cadre de vie traditionnel sus-décliné, lequel est d'ailleurs le principal moteur de l'économie locale, et la volonté de l'État d'asseoir l'industrialisation ayant pour vocation de tout moderniser sur son passage, le paradoxe semble inévitable dans la région kribienne et les priorités nationales toutes tracées si l'on s'en tient au schéma d'émergence. Il se pose en conséquence la question de savoir comment s'opère cette rencontre et quels en sont les impacts pour les communautés locales.

B. Les communautés locales face à l'industrialisation dans la région de Kribi : une déterritorialisation actée ?

1. Les expropriations et les recasements en question

Si Kribi et sa région constituent aujourd'hui un pôle industriel de premier plan au Cameroun, cette place est due essentiellement à son attractivité et à la polarisation de son territoire autour du Port de Kribi. Il est important de noter que cette infrastructure portuaire résulte du projet du Complexe Industrialo-Portuaire de Kribi, un immense territoire situé à environ 32 km au Sud de la ville éponyme. Ce projet comprenait plusieurs composantes dont les plus importantes sont une zone portuaire de 8,55 km^2 pour une longueur générale de 6 400 km, une zone industrielle derrière le port d'environ 260 km^2 et une ville nouvelle de près de 100 000 habitants. À ces composantes, s'ajoutent la carrière, la route d'accès reliant le port à la carrière, la Zone d'immersion des sédiments et la Zone de réinstallation des populations. Ce projet de construction du Complexe Industrialo-Portuaire de Kribi s'est développé sur un espace comptant 130 ménages, soit 778 personnes, avec 7 villages directement affectés par le projet s'étendant de Nlende Dibe au nord jusqu'à Lolabe au Sud de l'arrondissement de Kribi 1er. Cependant, suivant le Plan d'Action de Réinstallation et d'indemnisation (PAR), seuls 66 ménages ont été concernés par les relocalisations (*cf.* tableau 2).

Tableau 2 *: Nombre de ménages et nombre de personnes à réinstaller par village et par hameau Bagyelli*

Nom du village	Nombre de ménages			Nombre d'habitants		
	Bantous	Bagyelli	Total	Bantous	Bagyelli	Total
Chefferie Nlende Dibé	17	11	28	104	38	152
Zone nord Boussibilika	17	0	17	104	0	104
Bagyelli Mimbosso		9	9		34	34
Bagyelli Malongo		2	2	0	4	4
Chefferie Lolabé	33	5	38	166	23	189
Zone sud Lolabé	33	0	33	166	0	166
Bagyelli Bibira (=Dibete)		5	5	0	23	23
Total	50	16	66	280	61	341

Source : MINEPAT, 2010

À ce projet de construction du Complexe Industrialo-Portuaire de Kribi, il faut adjoindre celui de la Cameroon Oil Transportation Company (COTCO) développé sur une zone d'emprise affectant un effectif de 4 000 ménages. C'est également le cas du projet Kribi Power Development Company qui avait identifié 680 ménages sur son emprise. Ces populations, comme mentionné plus haut, vivaient principalement des activités primaires directement liées à leur espace de vie. Or, elles ont, pour la plupart, été appelées à abandonner leurs terres au profit de ces différents projets à travers des procédures d'expropriation pour cause d'utilité publique.

Au Cameroun, l'expropriation pour cause d'utilité publique est encadrée par des textes juridiques dont les plus importants sont : la loi n° 85/9 du 4 juillet 1985 relative à l'expropriation pour cause d'utilité publique et aux modalités d'indemnisation et son décret d'application n° 87/1872 du 18 décembre 1987 ; la loi n° 11-2004 du 26 mars 2004 portant procédure d'expropriation pour cause d'utilité publique ; l'arrêté n° 00832/Y.151/MINUH du 20/11/1987 fixant les bases de calcul et la valeur des constructions frappées d'expropriation pour cause d'utilité publique ; le décret N° 2003/418/PM du 25 février 2003 fixant les tarifs des indemnités à allouer aux propriétaires victimes de destruction pour cause d'utilité publique de cultures et arbres cultivés et les instructions ministérielles n° 00000/Y.2.5/MINDAF/D220 du 29 décembre 2005 portant rappel des règles de base sur la mise en œuvre du régime de l'expropriation pour cause d'utilité publique. À ces textes nationaux, s'ajoutent les textes internationaux en matière d'indemnisation et de relocalisation, notamment dans le cadre des politiques environnementales et sociales (PES) de la Banque Mondiale encore appelées les Politiques de sauvegarde ou le Cadre Environnemental et Social (CES) qui s'appliquent à tous les nouveaux financements de projets d'investissement de la Banque Mondiale.

Ces textes prévoient des indemnisations et/ou la réinstallation ou la relocalisation des populations riveraines. Si les indemnisations sont mises en œuvre en application des textes en vigueur, les relocalisations, pour leur part, présentent de nombreuses faiblesses, tant elles suggèrent un changement de lieu, donc la redéfinition des repères géographiques, cultuels et la construction de nouvelles identités en relation avec l'espace vécu ou perçu. Dans le cadre du projet du Port en Eau Profonde de Kribi, par exemple, déclaré d'utilité publique par l'arrêté N-000156y.14.4/MINDAF/410 relatif aux travaux de construction du port en eau profonde de Kribi dans le département de l'Océan, un Plan d'Action et de Réinstallation et de Compensation (PAR) avait été élaboré par International Néerlandais Royal Haskoning. Ce plan prévoyait trois sites de recasement identifiés de manière participative avec les populations riveraines concernées et aménagés par la suite par le comité de pilotage. La zone de relocalisation Nord a été aménagée pour les populations de certains hameaux du village Nlende-Dibe, celle du Sud pour les populations du village Lolabe et celle du Sud-Est pour les peuples autochtones Bagyelli (hameaux Malongo, Mimbosso, Bibira et Biyenge).

Si la zone de recasement aménagée à Nlende-Dibe n'a pas été occupée, le processus de recasement des Bagyelli n'a débuté qu'en 2020. C'est à la faveur du lancement des travaux de la mise en œuvre de la seconde phase du port en eau profonde de Kribi ainsi que l'installation de certaines industries dans la zone des hameaux à recaser que le Port de Kribi a sollicité l'expertise de l'ONG Soutien au Développement Durable (SDD) pour accompagner la Délégation Départementale du ministère des Affaires Sociales et l'association Bagyéli's Cultural and Development Association (BACUDA) dans le processus de relocalisation des Bagyelli. À ce jour, tous les ménages Bagyelli ont été recasés, chacun d'eux ayant reçu une maison.

Les populations bantoues présentent une situation particulière, voire paradoxale. Dans la plupart des villages, surtout ceux qui ne sont pas encore impactés par l'installation du projet, les populations restent sur leur site d'origine malgré les indemnisations versées en 2011. Les ménages avaient reçu le financement alors que les sites de recasement n'étaient pas encore aménagés. Ils ne seront aménagés qu'entre 2015 et 2016. Et malgré un appui par la mise à disposition de chaque ménage d'un lot de 4 000 parpaings, des tôles, lattes, et quelques matériaux de construction, l'électrification, le lotissement et le terrassement de la zone, les sites restent inoccupés (*cf.* planche photo 4), les populations n'ayant pas reçu l'accompagnement nécessaire à l'opération de recasement.

***Planche photographique 4** : Zone de recasement aménagée et inoccupée à Nlende-Dibe au nord du Complexe industrialo-portuaire de Kribi*
Source : Enquête de terrain, 2021

Dans bien des cas, les sommes à percevoir dans ce cadre étaient sources de nombreuses tensions tant au sein des ménages que des familles. Sur les 4 000 ménages identifiés par COTCO, 27 cas sont restés en suspens au bout du processus d'indemnisation en raison de conflits familiaux. De même, seuls 50 ménages sur les 680 identifiés par KDPC ont été retenus pour être indemnisés du fait qu'ils furent affectés directement par le projet.

2. Les communautés locales de régions en cours d'industrialisation de Kribi : Au-delà de leurs terroirs d'origine

Au regard de ce qui précède, deux questions fondamentales se posent dans la perspective d'appréhender les trajectoires des populations affectées par les grands projets de Kribi et sa région. Où sont ces populations ? Qui sont-elles ?

Que ce soit pour les populations Bagyelli recasées ou les Bantous qui, pour la plupart, sont encore sur leur terroir d'origine, l'incertitude règne encore. Lors du lancement des opérations du projet du port en eau profonde en 2010, les Bagyelli, par l'entremise d'une responsable du Centre pour l'Environnement et le Développement dont une des missions concerne la protection des droits des pygmées, avaient déclaré qu'ils ne « s'opposent pas au projet. Comme ils constituent une couche assez vulnérable, les Pygmées souhaitent simplement que leurs spécificités soient prises en compte dans le processus de recasement et d'indemnisation »[12]. Or, on peut constater que ces populations, dont la vulnérabilité est avérée, n'ont été recasées que 10 ans après le lancement du projet. Aujourd'hui, certains ménages recasés sont repartis en forêt en abandonnant leur case. Pire encore, « au lendemain de leur installation, quelques-uns d'entre eux sont morts, sans doute, pour le scientifique, d'une bonne mort, mais cela a créé des susceptibilités chez certains. Ils ont attribué ces morts à la malédiction des lieux. Aussi, certains d'entre eux se plaignent d'être déconnectés de leur milieu, de ne plus avoir toutes leurs ressources »[13].

Si de nombreux Bantous qui ont reçu les indemnisations (les parcelles aménagées et l'appui en parpaings) sont encore installés sur leur terroir, certains d'entre eux se retrouvent à exercer des petits métiers ou le transport à moto à Kribi-ville. Un des chefs de famille originaire de Nlende-Dibe, par ailleurs transporteur par mototaxi à Kribi-ville, exprime sa co-

---

[12] http://ct2015.cameroon-tribune.cm/index.php?option=com_content&view=article&id=60210:port-de-kribi--les-riverains-sexpriment&catid=7:regions&Itemid=3

[13] Entretien avec le Directeur de Soutien au Développement Durable, le 30 mars 2022

lère en ces termes « j'avais reçu plus de 80 millions de FCFA d'indemnisation. On nous avait payés à la veille des fêtes de fin d'année, pour des gens qui n'avaient jamais gagné 500 mille FCFA comme revenu annuel. La vie était très vite belle, je ne savais pas que cet argent pouvait finir. J'ai loué et acheté de belles voitures en oubliant que je devrais construire puisque je suis sur l'emprise du projet. Aujourd'hui, je vis en location à Kribi, ma famille est restée au village, mais un jour on nous demandera de partir de nos maisons et nous n'aurons plus d'abri ».[14]

Ces constats replacent au centre de l'analyse la question du devenir des communautés locales dans cette région où l'industrialisation a participé à leur déterritorialisation. Soulever cette problématique revient à poser sur la table la nécessité qu'il y a à gérer non seulement le contentieux structurel opposant la modernité à la tradition, mais aussi et surtout la nécessité qu'il y a de négocier le passage d'un paradigme à un autre et de garantir, de ce fait, la survivance des moyens de production et de survie des communautés locales. À Kribi, on assiste à une désarticulation voire une régression progressive de la pêche artisanale, à l'accentuation de la pauvreté, à la reconfiguration des espaces de vie à la suite des déguerpissements et recasements, au risque d'acculturation du fait d'une urbanisation sans cesse croissante. Tous ces indicateurs attestent de ce que l'industrialisation de cette région n'épouse pas, dans le fond, une réelle dynamique sociale en termes de pérennisation des moyens de subsistance. Certes, les communautés locales, comme toutes les autres d'ailleurs, sont appelées à suivre l'évolution qu'impose l'industrialisation ou même l'urbanisation. Cependant, cette mutation doit prendre en compte non seulement l'objectif macroéconomique formulé en termes de relance de la croissance nationale, mais également les besoins et les aspirations des communautés que sont la préservation des moyens de subsistance et l'amélioration des conditions de vie. C'est ce subtil équilibre entre les considérations macroéconomiques et les aspirations communautaires qui semblent, pour l'heure, manquer aux dynamiques observées autour de la région industrielle de Kribi.

III. Discussion

L'industrialisation de la région kribienne se présente comme une aubaine pour le développement social et économique de toute la région du Sud dont les populations sont, à l'image des régions enclavées du pays,

[14] Entretien mené à Kribi le 30 mars 2022

en mal de bien-être. C'est ainsi que l'engagement des « grands projets » implantés dans cette région a pour fin avouée d'intensifier les échanges nationaux et internationaux, de créer les emplois et de susciter le développement de l'arrière-pays. Le port en eau profonde de Kribi joue, dans cette perspective, un rôle structurant dans la redynamisation de l'économie locale tant il renforce l'attractivité territoriale de la région (Ndjambou, 2005 ; Mbaha et Ba'ana Etoundi, 2021). En effet, depuis la pose de la première pierre, en 2008, jusqu'à sa mise en service en 2017, plus d'une trentaine d'entreprises ont déjà pris leur quartier dans la localité, faisant de celle-ci le pôle industriel le plus en vue dans le pays.

Ce dynamisme industriel masque cependant, dans le fond, une relative marginalisation des communautés locales qui ne profitent pas réellement des retombées des aménagements réalisés tant sur le plan économique que social. Les travaux d'Amougou et Bobo Bobo (2018) indiquent à ce sujet que l'industrialisation de cette région rentre dans les stratégies d'extraversion : c'est une industrialisation instrumentalisée, car les jeux d'acteurs autour des projets menés profitent principalement à la classe politique dirigeante et c'est une industrialisation de dépendance vis-à-vis des firmes internationales. Sur ce dernier point, force est de constater que la mise en œuvre du Complexe Industrialo-Portuaire de Kribi a particulièrement été motivée par la volonté de l'État d'intensifier l'exploitation minière et pétrolière, une initiative qui bénéficie davantage aux grandes compagnies internationales qu'aux communautés locales marginalisées et exploitées. Les résultats de Ngo Balépa (2012) sur la mise en œuvre de la zone franche industrielle de Douala montrent à dessein que de tels projets sont loin d'être un pari gagnant pour l'économie locale.

L'industrialisation de la région kribienne contribue pour beaucoup à la modification des modes de vie des communautés locales ainsi qu'à la reconfiguration des systèmes de production locaux. En effet, on assiste de plus en plus, dans cette localité, à l'essor du salariat au détriment des activités agropastorales et piscicoles traditionnelles qui sont progressivement délaissées (Mbevo Fendoung et *al.*, 2018). De même, l'accaparement des terres par les agro-industries présentes dans la région, les expropriations massives et les relocalisations précarisent une immense majorité de la population qui se retrouve désormais sans terres suffisamment spacieuses pour déployer les activités agricoles. Cet état des choses qui accentue les atteintes à l'espace vital des populations, entraîne la privation des communautés locales de leurs moyens de subsistance traditionnels et les expose davantage à la pauvreté et à la précarité (Mwepu-Kyabutha,

1967 ; Chuhan-Pole et *al.*, 2017 ; Mbevo Fendoung et *al.*, 2018). Les résultats d'Amougou et Bobo Bobo (2018) vont encore plus loin et relèvent qu'il existe autour des principaux chantiers industriels dans la région kribienne de nombreux cas de délits d'initiés dans la procédure d'indemnisation, de détournements de fonds destinés à l'indemnisation qui écartent les ayant-droits des rentes de l'industrialisation. Ainsi, il n'est pas surprenant que, depuis l'annonce du projet d'aménagement du Complexe Industrialo-Portuaire de Kribi, les délits fonciers soient devenus monnaie courante dans la localité.

Au demeurant, les communautés locales dans la région de Kribi sont sacrifiées à l'autel de l'industrialisation, tant on assiste à une désarticulation progressive de leurs modes de vie et de leur territoire. Pire encore, même la captation des rentes qui en découlent leur échappe à tous les niveaux (Thune, 2011). Le mécontentement des chefs locaux et des populations, lesquelles estiment être lésés lors des recrutements au port ou dans les industries naissantes, sont quelques indicateurs de ce que ces communautés sont marginalisées dans le processus de développement porté sur leurs terres. Celles-ci sont contraintes de s'adapter, de fusionner dans la mouvance urbaine qui accompagne l'industrialisation dans cette région pour assurer leur devenir.

Conclusion

L'industrialisation de la région kribienne rentre dans la mouvance des stratégies mises sur pied par l'État pour relancer sa croissance et hâter son émergence à l'horizon 2035. Favorisée par la présence du port autonome de Kribi, celle-ci se positionne en principe comme une aubaine pour le relèvement des conditions de vie des populations et le développement de son hinterland. Cependant, il convient de mentionner que, jusqu'ici, les communautés locales peinent à s'y identifier. Les expropriations et les recasements que certains subissent contribuent à fragiliser leurs moyens de subsistance et à les exposer à la précarité. De même, la désarticulation de leurs activités de production primaire les amène à se tourner vers le salariat qui n'augure pas, dans tous les cas, des lendemains meilleurs. À terme, l'industrialisation de la région de Kribi expose les communautés locales à plus de contraintes qu'elle ne leur offre des solutions pour améliorer leurs conditions d'existence. Ces contraintes, qui se posent principalement en termes de privation des moyens d'existence, exercent d'importantes pressions sur les communautés obligées de s'adapter à leur nouvel environnement pour survivre. Ceci implique, dans le fond, une reconfiguration des systèmes de production, du paysage et des modes de vie. Cette conclusion rentre dans la perspective de l'hypothèse formulée à l'entame de la réflexion, laquelle arguait que l'industrialisation entraîne de profonde reconfiguration dans les structures mentales, sociales et économiques des communautés des espaces récepteurs.

Bibliographie

Amougou Gérard, Bobo Bobo Faustin René, 2018. « Ambition développementaliste, État stationnaire et extraversion au Cameroun de Paul Biya. Le projet de construction du port autonome de Kribi », *Politique africaine*, Vol. 2, N° 150, p. 29-51

Banque mondiale, 2009. Stratégie énergétique du Groupe de la Banque mondiale. Synthèse sectorielle réseau du développement durable, octobre 2009, 39 p.

Brasseul Jacques, 1993. *Introduction à l'économie du développement,* éd. Armand Colin, Coll. Cursus, 3e édition, 208 p.

Braunstein E., 2021. "Braunstein : Gender and the Future of Industrialization in a Post-Pandemic World", consulté le 7 juin 2023, URL : https://economics.colostate.edu/2022/05/braunstein-gender-and-the-future-of-industrialization/

Cazes Georges, Domingo Jean, 1987. *Les critères du sous-développement. Géopolitique du Tiers Monde,* éd. Bréal, Coll. « Histoire et géographie économique », 320 p.

Chuhan-Pole Punam, Dabalen Andrew L., Land Bryan Christopher, 2017. « L'exploitation minière en Afrique : Les communautés locales en tirent-elles parti ? », *Africa Developpement Forum*, consulté le 10 février 2022, URL : https://openknowledge.worldbank.org/handle/10986/26110

Mbaha Joseph Pascal, Ba'ana Etoundi Marie-Louise, 2021. « Et demain Kribi : Construire une ville portuaire stratégique et émergente à l'horizon 2035 », *Espace Géographique & Société Marocaine*, N° 43-44, p. 137-156, consulté le 10 février 2022, DOI : https://doi.org/10.34874/IMIST.PRSM/EGSM/24572

Mbevo Fendoung Phillippes, Voundi Eric, Tsopbeng Carole, 2018. « Dynamique paysagère du littoral kribien face aux pressions de l'agro industrielle et de l'urbanisation », *Vertigo*, Vol 18, N° 3, consulté le 10 février 2022, DOI : https://doi.org/10.4000/vertigo.22798

MINEFOP-OIT, 2018. « Étude sur l'amélioration des performances des services en charge de la promotion de l'emploi et systèmes d'informations sur le marché de l'emploi », Yaoundé.

Ministère de l'Économie, de la Planification et de l'Aménagement du Territoire (MINEPAT), 2009. *Cameroun vision 2035*, Document de travail, 76 p.

Ministère de l'Économie, de la Planification et de l'Aménagement du Territoire (MINEPAT), 2010. *Plan d'Action de Réinstallation et d'indemnisation (PAR). Construction du Port en Eau Profonde de Kribi*, 239 p.

Ministère des Finances, 2021. « Initiative pour la Transparence dans les Industries Extractives au Cameroun », Rapport ITIE, Yaoundé, 343 p.

Mwepu-Kyabutha Gaspard, 1967. « Quelques aspects des conséquences sociales de l'industrialisation au Katanga », *Civilisations*, Vol. 17, N°1/2, p. 53-71, consulté le 10 février 2022, URL : https://www.jstor.org/stable/41231017

Ndjambou Léandre Edgard, 2005. « La dynamique de l'arrière-pays international des ports camerounais : l'impact du projet pétrolier de Doba sur le port de Kribi », *L'Espace géographique*, Tome 34, N° 2, p. 134-145

Ngo Balépa Aurore Sara Sophie, 2012. « Le régime de la zone franche industrielle au Cameroun (ZFIC) : résultats mitigés d'une stratégie d'industrialisation », *Les Cahiers d'Outre-Mer*, Vol. 259, p. 339-369, consulté le 10 février 2022, URL : http://journals.openedition.org/com/6649

Poulot Monique, 2016. « Aménagement du territoire, politiques industrielles et milieu rural », *Pour*, Vol. 1, N° 229, p. 109-119, consulté le 07 juin 2023, DOI : 10.3917/pour.229.0109 ; URL : https://www.cairn.info/revue-pour-2016-1-page-109.htm

Saint-Aubin Philippe, 2019. « La dépendance aux métaux stratégiques : quelles solutions pour l'économie ? », *Journal officiel de la République Française*, Paris, 105 p.

Thune Matthieu, 2011. « L'industrialisation de l'exploitation de l'or à Kalsaka, Burkina Faso : une chance pour une population rurale pauvre ? », *Echo*Géo, N° 17, consulté le 10 février 2022, URL : http://journals.openedition.org/echogeo/12535.

Bénéfices de l'autonomisation en énergie de l'industrie sucrière SOSUCAM et freins à l'autonomie énergétique à Mbandjock (Cameroun)

Louis Bernard Tchuikoua
Université de Yaoundé 1
tchuikoua@yahoo.fr

Noëlle Georgette Ongue Pezzana
Université de Yaoundé 1

Dans la plupart des pays du monde, et particulièrement dans les pays en voie de développement, les industries font face à de multiples problèmes dont le principal est lié à la fourniture en énergie. En effet, la demande énergétique de certaines industries est largement supérieure à l'offre proposée par les centrales hydroélectriques, thermiques, etc. À cet effet, plusieurs entreprises se sont lancées dans une politique d'autonomisation énergétique visant à accroître leur offre énergétique à partir des ressources de la biomasse. Au Cameroun, les déchets de bois et les résidus des agro-industries ne sont ni répertoriés ni comptabilisés. Cependant, quatre secteurs de l'agro-industrie constituent les principales sources de biomasse pour la production électrique à savoir les industries du sucre, de transformation du bois, de l'huile de palme et du riz (Ongue Pezzana, 2017).

Le rapport SIE Cameroun (2011) mentionne que quelques agro-industries dans le secteur de l'huile de palme et de coton comme SODECOTON, SOCAPALM et CDC produisent à partir de la biomasse environ 38 GWhs. Les deux sucreries industrielles du groupe SOSUCAM produisent également 50 GWhs par an. Toujours selon SIE Cameroun, en 2010, l'autoproduction à partir de la biomasse était de 170 GWhs. L'électricité autoproduite dans les sites agro-industriels s'élève à près de 88 GWhs ; 82 GWhs proviennent de secteurs autres que les agro-industries citées *supra*. En ce qui concerne la SOSUCAM de Mbandjock (*cf.* figure 1), cette industrie s'est lancée, depuis un certain nombre d'années, dans une politique de production de l'électricité à partir de la bagasse. Il s'agit des résidus végétaux obtenus après l'extraction du sucre utile. Ces résidus sont utilisés par l'industrie comme combustible pour alimenter la chaudière et produire l'électricité (Tchatat, 2014). La présente contribution vise à mettre en évidence les bénéfices de l'autonomisation énergétique pour la SOSUCAM et l'impact social qu'aurait cette entreprise à travers la fourniture de son surplus énergique à l'ensemble ou une partie de la population de Mbandjock. Il sera présenté, dans une première partie, les bénéfices de l'autonomisation énergétique pour la SOSUCAM et, dans une deuxième partie, les facteurs qui empêchent la fourniture à la population de l'excédent d'énergie que pourrait produire cette industrie.

I. Les bénéfices de l'autonomisation énergétique pour la SOSUCAM

Avant de présenter les bénéfices de l'autonomisation énergétique pour la SOSUCAM de Mbandjock, il est nécessaire de situer cette structure dans son environnement et d'évaluer sa capacité de production d'énergie à partir de la bagasse.

A. Présentation de la SOSUCAM dans son environnement

La société sucrière du Cameroun (SOSUCAM) est une entreprise agro-alimentaire spécialisée dans la production et la transformation de la canne à sucre granulée et en carreaux. Elle est placée sous le régime juridique de la société anonyme (S.A.).

1. Historique et localisation de la SOSUCAM

La SOSUCAM a été créée le 8 juin 1965 à l'initiative du gouvernement camerounais et du groupe français SOMDIAA (Société d'Organisation de Management et de Développement des Industries Alimentaires et Agricoles) pour produire de la canne à sucre et la transformer en sucre granulé ou en carreaux. La SOMDIAA appartient au groupe Jean Louis Vilgrain (JLV) qui contrôle neuf entreprises alimentaires et agricoles dans le monde et produit environ 300 000 tonnes de sucre par an (Ongue Pezzana, 2017).

En 1963, le Cameroun importait 9 000 tonnes de sucre avec une consommation par habitant estimée à 1 kg par an. C'est ce qui justifie la création de cette agro-industrie. Pour résoudre le problème de demande croissante, un décret de création d'une société sucrière, en 1963, attribua à la SOSUCAM une concession de 10 000 ha de terre dans la localité de Mbandjock. La mise en valeur de ces terres s'est opérée de façon progressive. On est ainsi passé d'une production de cannes de 5 000 tonnes en 1967 (début d'exploitation) à une production de 50 000 tonnes en 2000. En 1974, une autre société sucrière a été créée dans le village voisin de Nkoteng : la CAMSUCO (Cameroon Sugar Company) sur une concession de 11 200 ha octroyée par l'État du Cameroun, et dotée d'un capital de 10 milliards de FCFA. Les deux sociétés produisaient, au milieu des années 1980, un tonnage combiné de 65 000 tonnes par an de sucre raffiné par an dont 28 à 30 000 tonnes (43 %) pour la SOSUCAM et le reste (57 %) par la CAMSUCO (Toumba, 2021). Au cours de la même période, une troisième société vit le jour, la NOSUCA, située à Douala, qui transformait en morceaux une partie de la poudre de sucre produite par la CAMSUCO.

Cependant, au début des années 1990, la CAMSUCO fit faillite et ses actifs furent rachetés par la SOSUCAM (usines + superficies de terre) à raison de 11 milliards de FCFA, ce qui a permis à cette dernière d'atteindre une production de 87 000 tonnes de sucre en 2001. Ainsi, un bail emphytéotique signé en 2006 avec l'État du Cameroun autorise l'exploitation potentielle de 11 980 ha supplémentaires. La superficie totale de cette structure est ainsi portée à 33 180 ha. Aujourd'hui, le capital social de l'entreprise est détenu à 72,72 % par le groupe français SOMDIAA, le reste du capital étant réparti entre l'État du Cameroun et des actionnaires privés, dont le personnel de ce groupe. Le capital de la société est de 13 925 000 000 FCFA, soit 21 228 525 euros (Nguedia, Noula, 2012).

La SOSUCAM est située le long du fleuve Sanaga à 100 km au Nord-Est de la capitale Yaoundé. Le périmètre sucrier exploité par l'entreprise est situé entre le 4° 16′ et 4° 36′ latitude Nord et le 11° 49'et 12° 15′ de longitude Est. L'entreprise couvre principalement les arrondissements de Mbandjock et de Nkoteng situé à 30 km l'un de l'autre sur la route nationale numéro 1 reliant la région de l'Est à celle du Centre (*cf.* carte 1). Le siège social de la SOSUCAM se trouve à Nanga-Eboko, localité située à 166 km de Yaoundé. Sa direction générale sise à Yaoundé (montée Ludo à Mvog-Ada). Quant à sa superficie d'exploitation, elle est estimée à 22 485, 15 ha divisée en deux parties (Mbandjock et Nkoteng).

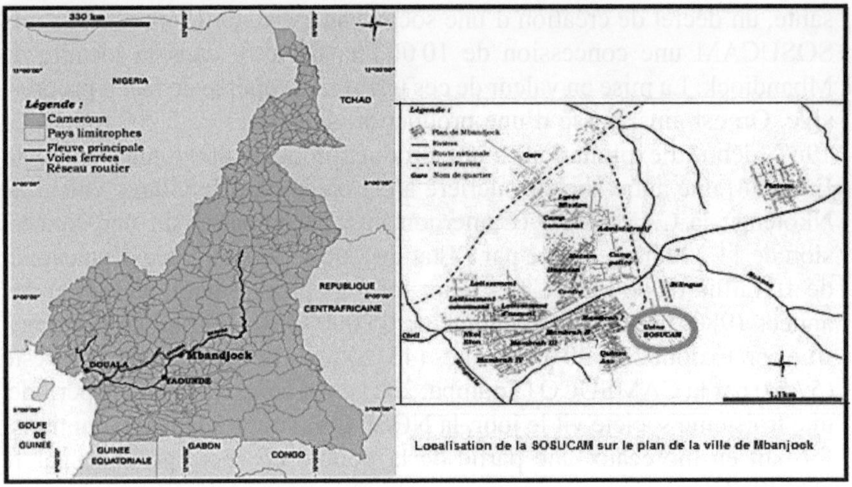

Carte 1 : Localisation de la SOSUCAM à Mbandjock
https://journals.openedition.org/eps/1830?gathStatIcon=true&lang=en (consulté le 18 juillet 2021)

2. Production des cannes à sucre par la SOSUCAM de Mbandjock

La production de la canne à sucre par la SOSUCAM est assurée par deux variétés depuis 2001 : la variété Co997 (56 % de la surface sous canne) et la variété B46364 (36 % de la surface sous canne). Elle produit de la canne à sucre sur les deux sites précités. En ce qui concerne les rendements moyens, ils se situent aux alentours de 70 TC/ha pour des cannes récoltées à 13,2 mois (présence de cannes de GC) et une richesse de 12,97 %. Avec un taux d'extraction moyen de 10,03 %, le rendement en sucre est d'environ 7 TS/ha (Zelakwa, 2013).

Au Cameroun, la demande en sucre est estimée à environ 190 000 tonnes par an dont 120 000 tonnes sont produites par la SOSUCAM qui en importe 20 000 autres (Ongue Pezzana, 2017). Les autres sociétés et certains grossistes importent les 50 000 tonnes restantes avec l'agrément de l'État. Cependant, afin de mieux satisfaire les besoins croissants du marché camerounais, l'entreprise envisage des projets d'expansion pour augmenter sa production. Elle a augmenté sa superficie de 7 000 ha en 2015. Il faut rappeler que la SOSUCAM met en place des projets de renouvellement de parcelles après huit ans d'exploitation. De même, depuis cette date, elle expérimente de nouvelles variétés telles que B82333, Fr81258.

B. Cogénération de la bagasse comme mesure d'efficacité énergétique à la SOSUCAM de Mbandjock

Selon le Groupement interpatronal du Cameroun (GICAM), les défaillances dans l'approvisionnement en énergie électrique limitent considérablement le développement des entreprises, engendrent des surcoûts, affectent leur compétitivité, occasionnent des faillites et assombrissent les perspectives de croissance économique nationale. En effet, l'énergie constitue un préalable pour le développement industriel. Or au Cameroun, les industries font face à un déficit énergétique criant qui ne leur permet pas toujours d'accroître leur production. Ainsi, pour résoudre les problèmes liés au déficit énergétique au Cameroun, les entreprises développent des stratégies. C'est dans cette lancée que la SOSUCAM utilise la bagasse pour produire l'énergie nécessaire à son fonctionnement. Environ 60 % de cette production sont utilisés comme combustible dans les sucreries, pour chauffer les fours et produire de l'électricité servant à l'alimentation énergétique de l'unité de transformation qui fonctionne pratiquement en autosuffisance énergétique (Tchatat, 2014).

La canne à sucre industrielle est cultivée pour fabriquer du sucre et plusieurs autres produits. Il est difficile de lister les produits issus du jus de canne d'une part et de sous-produits, d'autre part. Comme sous-produits, nous avons la mélasse, la bagasse, la boue de filtration et les feuilles. En ce qui concerne la bagasse, elle est principalement utilisée pour la production de l'électricité. En effet, la bagasse représente environ 30 % du poids de canne coupée amenée en usine. Son taux d'humidité se situe entre 40 et 50 %, et elle contient encore une petite quantité de sucre résiduel. La bagasse séchée est composée pour moitié de cellulose, l'autre moitié étant majoritairement de l'hémicellulose et de la lignine (Toumba, 2021).

1. Un potentiel énergétique énorme

Évaluation du potentiel théorique de la bagasse

Le potentiel théorique correspond à l'énergie qui peut être produite à partir de la biomasse sur un seul site. Sur le terrain, environ 60 % seulement de la biomasse sont utilisées dans des installations ayant une capacité optimisée pour satisfaire aux critères de rentabilité retenus par les industries. Pour cette raison, l'autoproduction d'électricité est souvent sous capacitaire par rapport à la demande du procédé. À la SOSUCAM, l'autoproduction peut être augmentée afin de valoriser toute la biomasse disponible et, ainsi, injecter sur le réseau les excédents d'électricité.

Cependant, développer ces capacités demande des investissements plus lourds que pour les installations d'autoproduction existantes. En l'absence de mesure tarifaire incitative, ces investissements ne sont pas développés, mais les potentiels sont réels (Bokolo, Bitta, 2011 ; Lademba Faye, 2014). La bagasse présente un potentiel électrique théorique énorme. Voilà pourquoi la SOSUCAM a mis en place un plan de développement de l'électricité dont le but est de satisfaire ses besoins en énergie électrique et, par la suite, commercialiser le surplus aux populations de la localité qui souffrent déjà des multiples problèmes liés à l'électrification.

Dans la commune de Mbandjock, la SOSUCAM dispose de deux principaux sites où la canne à sucre peut être coupée. Les différentes parcelles offrent une quantité consistante de canne à sucre qui, lorsqu'elle est transformée, donne une part substantielle de bagasse utilisée pour la production de l'électricité. La figure 1 présente le potentiel théorique en énergie électrique de la bagasse (Oukouri Kuqh, 1974).

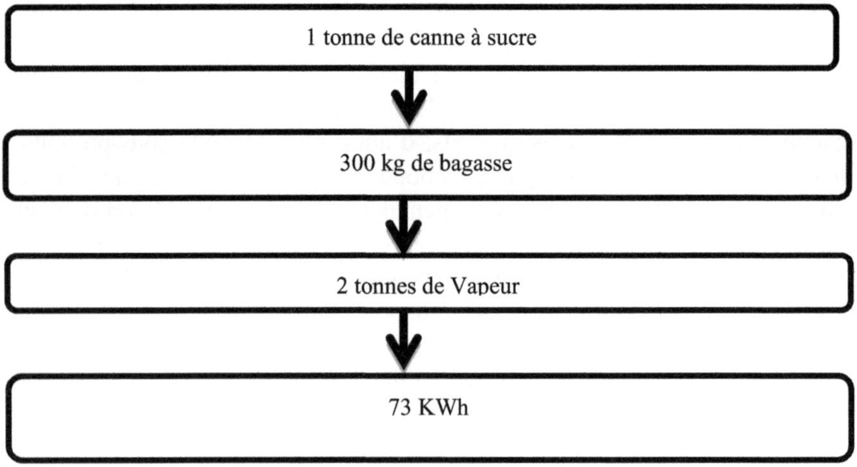

***Figure 1** : Estimation du potentiel électrique de la bagasse*
Source : Investigation à la SOSUCAM, 2010

Cette figure montre que la bagasse est une ressource efficace pour résoudre les problèmes de déficit en énergie électrique à la SOSUCAM de Mbandjock. En effet, pour 300 kg de bagasse, on peut avoir 73 KWh d'électricité. Le tableau qui suit résume l'autoproduction actuelle et les excédents d'énergie pouvant être injectés sur les réseaux connectés.

***Tableau 1** : Bilan du potentiel de cogénération électrique à partir de la bagasse*

Contenu en électricité en GWh	200
Besoin du process en GWh	60
Autoproduction actuelle	50
Excédent d'électricité disponible GWh	140

Source : EUEI, 2014

De ce tableau, il en ressort qu'actuellement, l'autoproduction (50 GWhs) n'atteint pas la demande des procédés (60 GWhs), mais le potentiel énergétique est suffisamment élevé pour envisager des excédents. Une partie de ce potentiel peut être valorisée en augmentant la capacité des installations de cogénération et en injectant les excédents d'électricité sur les réseaux interconnectés. Environ 140 GWhs ne sont pas valorisés dans les agro-industries, ce qui correspond à 140 MW de capacité de production électrique.

Évaluation de la capacité de production énergétique par la SOSUCAM

Dans la plupart des pays, la production de l'énergie de la biomasse est devenue une priorité. C'est le cas de la Guadeloupe qui a mis en place un vaste projet appelé projet Cann'Elec. Ce dernier a pour objectif d'évaluer la faisabilité de la valorisation énergétique de la biomasse cannière. La production de biomasse est destinée à être entièrement brûlée (y compris le sucre) dans une chaudière alimentant un turbogénérateur qui produit de l'électricité sur le réseau. Le Cameroun et, particulièrement, la SOSUCAM se sont inspirés de cet exemple en mettant en place une chaudière dont le but est la production de l'électricité à partir de la biomasse cannière répondant ainsi à deux principales priorités.

- Réduire la dépendance énergétique de la SOSUCAM vis-à-vis de l'hydro-électricité : il s'agit, pour l'entreprise, de résoudre définitivement son déficit énergétique enregistré autour du processus de transformation.
- Exporter l'excédent d'électricité dans les localités de la commune. En l'occurrence, mettre en place un processus d'électrification rurale par lequel l'excédent d'électricité sera vendu aux populations rurales à un coût faible. Ceci permettra à la SOSUCAM de respecter son engagement sociétal et, par la suite, d'enregistrer des bénéfices liés à la vente de l'électricité. Le tableau ci-dessous nous pré-

sente une estimation de la quantité d'énergie que peut produire cette industrie à partir de la bagasse.

***Tableau 2** : Quantité d'électricité produite à partir de la bagasse*

Quantité de canne à sucre broyée	709 725	T
Bagasse produite	227 112	T
Quantité de la bagasse consommée	185 947	T
Excédent produit	41 165	T
Quantité de vapeur	524	kg vap/t
Consommation électrique de la SOSUCAM	21,29	GWh

Source : EUEI, 2014

Il apparaît que la SOSUCAM utilise environ 60 % de sa bagasse. Une production accrue pourrait donc lui permettre de satisfaire ses besoins énergétiques et de commercialiser l'excédent, comme l'illustre la figure ci-dessous.

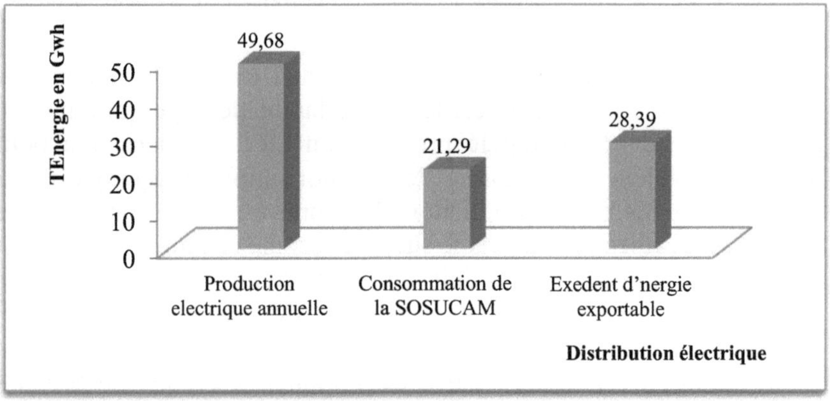

***Figure 2** : Évaluation de la quantité d'énergie produite par la SOSUCAM*
Source : Investigation à la SOSUCAM, février 2018

D'après la figure 2, l'excédent d'électricité produit par la SOSUCAM représente plus de 15 fois le besoin en énergie électrique des ménages de Mbandjock, ce qui suffit largement pour alimenter les zones rurales environnantes. La fourniture du surplus d'électricité à la population de la localité permettrait à SOSUCAM non seulement de fabriquer du sucre, mais aussi de participer au développement économique durable ; ce n'est pas le cas pour le moment.

2. Processus de cogénération de la bagasse par la SOSUCAM à Mbandjock

On parle de cogénération quand deux formes d'énergie utiles sont produites simultanément. Ce terme est utilisé pour la production combinée d'électricité et de chaleur. Lorsqu'en plus, une partie ou toute la chaleur produite est utilisée pour produire du froid, on parle de tri génération (Tchatat, 2014). Les applications en Afrique sont observables dans les industries, les hôtels, les immeubles de bureaux, les ambassades, etc. Destiné principalement aux centres urbains, ce type de production décentralisée peut contribuer à la fiabilité du réseau électrique local et limiter les délestages. En général, la filière Sucre-énergie comporte 6 étapes principales :

- La coupe de la canne à sucre (*cf.* photo 1) : la période de coupe s'étend des mois de juillet à novembre. En raison d'un relief escarpé, la coupe se fait encore manuellement. On compte un tiers de canne à sucre « tronçonnée », c'est-à-dire coupée mécaniquement.
- La réception : les cannes sont livrées par les tracteurs et les cachalots aux plates-formes où la matière première est pesée et échantillonnée. Les planteurs sont payés en fonction du poids livré et de la richesse de la canne fournie.

***Photo 1** : Coupe manuelle par les ouvriers*
© Ongue Pezzana, mars 2016

***Photo 2 :** Coupe industrielle de canne à sucre*
© Ongue Pezzana, mars 2016

Sur la photo 1, on observe une coupe manuelle de la canne à sucre par les ouvriers utilisant des machettes. Les ouvriers sont très souvent composés des populations de la localité ou alors des populations venant de la partie septentrionale du pays.

La photo 2 présente la coupe industrielle où une machine qui récolte la canne à sucre sur de grandes surfaces. Cette méthode est généralement utilisée pour accroître et accélérer la récolte.

- Le défibrage : phase pendant laquelle la canne est amenée à l'usine sucrière et est débarrassée des corps étrangers (déchets, galets) puis défibrée à l'aide de coupe-cannes ou bien d'un « Schroeder », marteau qui éclate et défibre les tiges.
- L'extraction : à ce niveau, la canne défibrée arrive à l'atelier de broyage où auront lieu plusieurs extractions. La canne passe par un pré-extracteur puis suivant les usines, par un diffuseur de bagasse, ensuite par des moulins de répression (usine de Bois-Rouge) ou alors directement par plusieurs moulins (usine du Gol). Les moulins sont constitués de gros cylindres qui écrasent la canne à sucre de manière à en extraire le jus. Peu à peu, la fibre s'appauvrit jusqu'à devenir bagasse.
- Production de la bagasse : une partie de la bagasse reste à l'usine et sert de combustible pour la chaudière qui produit la vapeur nécessaire au fonctionnement de l'usine. Le reste est envoyé aux usines thermiques.
- Production d'électricité : la bagasse est placée dans une chaudière pourvue de tuyaux externes en acier contenant de l'eau déminéralisée. Incinérée à plus de 1 300 °C, la chaleur provoque la vaporisation de l'eau et la pression de la vapeur entraîne la rotation d'un turbo alternateur muni d'ailettes. Celui-ci met le rotor en mouvement, engendrant la production

d'électricité. Finalement, la vapeur traverse un condensateur afin de retourner à l'état liquide et l'eau réintègre les tuyaux d'aciers sortant de la chaudière. Les centrales thermiques de l'île de la Réunion, par exemple, utilisent des chaudières bicombustibles pour bagasse et charbon.

La cogénération utilisant la bagasse peut distribuer entre 18 et 20 MW d'électricité au réseau national durant la saison cannière. En Guadeloupe, le gisement de bagasse a été estimé à 225 000 t en 2010 dont 90 % proviennent des sucreries et 10 % des distilleries. La grande majorité de cette bagasse est utilisée par la CTM qui la valorise sous forme de vapeur et d'électricité. En moyenne, la centrale produit annuellement 360 à 400 GWhs d'électricité à partir de la bagasse, en complément d'une production de 975 à 1 240 GWhs. Une partie de la production électrique obtenue à partir de la bagasse, environ 65 GWh/an soit 4 % de la consommation électrique de la Guadeloupe, est redirigée sur le réseau domestique. La distillerie consomme pour ses propres besoins une partie de cette production et les 500 MWh restant sont injectés sur le réseau. La puissance totale de l'unité électrique est de 0,5 MW et l'énergie produite nécessite 200 ha de zone de production. Ces exemples ne sont évidemment pas exhaustifs, mais elle est représentative du potentiel de la cogénération-bagasse développée actuellement. La SOSUCAM s'inspire de ces expériences pour accroître son offre d'électricité.

Photo 3 *: Bagasse dans chaudière*
© Ongue Pezzana, mars 2017

Photo 4 *: Stockage du reste de Bagasse*
© Ongue Pezzana, mars 2017

Ces photos présentent la bagasse utilisée comme ressource pour produire l'électricité. Sur la photo 3 apparaît le transport de la bagasse vers la chaudière vapeur. La photo 4 présente le surplus de bagasse qui est stocké dans un espace. La quantité importante de ces déchets nous démontre le potentiel énorme de la bagasse pour la production de l'énergie électrique.

La cogénération est un processus complexe nécessitant un équipement précis et comprenant des étapes particulières (*cf* photo 5).

***Photo 5** : Dispositif de cogénération*
© Ongue Pezzana, mai 2017

La photo ci-dessus présente le dispositif de production de la bagasse. En (1), on a le lieu de stockage de la canne à sucre ; en (2), le dispositif de défibrage et d'extraction du jus de la canne à sucre ; en (3), la bagasse produite qui sera utilisée en tant que source d'énergie.

Comme toute activité économique, la production de l'électricité à partir de la bagasse de la canne à sucre connait des pesanteurs qui limitent sa portée spatiale dans la localité de Mbandjock. L'analyse de la situation actuelle montre que la production de l'électricité à partir d'une source d'énergie renouvelable par la SOSUCAM n'a pas encore un impact perceptible dans la commune. C'est pourquoi une stratégie de développement de cette nouvelle forme d'énergie s'impose et doit être mise en place. Cette stratégie permettra aux populations de la commune de Mbandjock de bénéficier du surplus de l'énergie électrique produite ou que pourrait produire la SOSUCAM, afin de contribuer au développement durable dans cette localité et ainsi honorer sa responsabilité sociale et sociétale envers la population locale.

II. Les freins à l'autonomie énergétique à Mbandjock

Plusieurs problèmes limitent la production optimale de l'énergie électrique à partir de la bagasse. Ceci a pour conséquence directe de limiter l'autonomie énergétique de la Commune. Aussi est-il est important de mettre en place une stratégie visant à accroître l'efficacité énergétique à partir de la bagasse.

A. Barrières économiques et frontières

Les barrières économiques et financières limitent fortement le développement de la production de l'électricité à partir de la bagasse. En effet, peu de moyens sont accordés à l'électrification décentralisée au Cameroun. Les financements hors réseau, en plus d'être faibles, sont sans continuité par rapport aux programmes d'extension des réseaux. La question tarifaire est également une barrière majeure, avec dans la plupart des cas un système de tarification qui ne permet pas de couvrir les coûts des projets décentralisés. S'ajoute à cela, une incapacité à financer ou à subventionner les projets de transformation de la bagasse en électricité (Kamdem, 2008).

B. Barrières institutionnelles et organisationnelles

En lien étroit avec l'aspect économique, la mal-gouvernance est un facteur limitant de premier ordre. Trois aspects conduisent à ce constat. D'une part, le cadre institutionnel et réglementaire pour l'électrification rurale et décentralisée, en particulier, est souvent faible ou absent. D'autre part, le secteur manque de règles objectives et stables, de coordination et de rôles définis dans le développement de projets hors réseau. Enfin, l'existence d'une volonté politique n'est souvent pas assurée pour développer les cadres institutionnels et organisationnels de long terme nécessaires. Au Cameroun, malgré l'existence d'une Agence de l'électrification rurale, les financements sont d'abord affectés au branchement par réseau interconnecté, sans qu'il y ait de prise en compte et donc d'arbitrage en faveur de solutions décentralisées (Tekounegning, 2010).

De plus, le cadre institutionnel et organisationnel de long terme est défini, mais l'absence de règles nationales techniques claires sur l'affectation des fonds publics pour l'électrification rurale ne permet pas le développement optimal du secteur. Cette absence de règles objectives sur l'allocation des fonds publics entre les solutions en et hors réseau a une deuxième incidence : reporter le choix des solutions techniques sur les municipalités qui disposent de cette compétence institutionnelle (Global Village Cameroon, 2012). La conséquence est une réticence devant le choix de solutions politiquement moins porteuses que l'extension du réseau interconnecté. Lorsque les institutions existent, le manque de compétences techniques sur les énergies renouvelables et, plus largement, l'électrification rurale hors réseau, représente également un frein majeur.

Cette faiblesse institutionnelle et organisationnelle se traduit dans l'absence de règles structurantes et de mécanismes transparents caractérisant les limites (physiques et temporelles) entre électrification par extension du réseau et hors réseau (Lademba Faye, 2014).

C. Barrières sociales et techniques

Des barrières sociales plus ou moins importantes s'érigent à travers la perception misérabiliste des énergies hors réseau de certaines populations. Cela est souvent dû non seulement à un manque d'adaptation des solutions techniques à la demande (la normalisation réductrice du réseau interconnecté), mais aussi à une faible volonté politique qui ne se traduit pas dans un message global et cohérent. Ces barrières sont partagées de manière plus ou moins forte par les pays qui ont fait l'objet de l'étude Africa-UE Energy Partnership (2009).

La commune de Mbandjock subit une contrainte supplémentaire due à l'exode rural qui touche la commune, laquelle a *de facto* mis en place un plan d'électrification rurale dans l'optique de réduire ce départ massif des populations. Mais ces mesures restent insuffisantes, surtout en ce qui concerne les besoins en main-d'œuvre. En effet, la maîtrise des techniques de transformation par les ingénieurs process reste encore limitée. De plus, la SOSUCAM accuse un déficit en termes de matériels de transformation telle que les chaudières et autres dispositifs (Ngnikam, 2006).

Conclusion

Dans le souci de faire face au déficit énergétique, la SOSUCAM a développé une stratégie d'autoproduction de l'énergie électrique à travers la cogénération de la bagasse. Ce dispositif de production décentralisée de l'énergie électrique résulte de plusieurs facteurs à la fois économiques, politiques et sociaux. Cette forme d'autonomie énergétique fait appel à plusieurs acteurs à la fois institutionnels et non institutionnels dont cette grande entreprise est l'acteur majeur. D'après les données recueillies sur le terrain, il ressort que la production du sucre par la SOSUCAM génère des déchets appelés « bagasse ». Ces résidus sont utilisés pour la production de l'électricité à partir de la chaudière à vapeur. Ainsi, le dispositif de production mis en place permet de transformer la bagasse en énergie électrique utilisée principalement par cette industrie pour satisfaire ses besoins énergétiques. Les entretiens menés auprès des responsables de la SOSUCAM chargés de la production de l'électricité nous révèlent aussi que la politique d'autonomisation énergétique à partir de la bagasse mise en œuvre par leur entreprise fait face à des barrières économiques, politiques, techniques et technologiques. Tous ces aspects entraînent une production énergétique insuffisante, ne pouvant pas satisfaire les besoins en énergie des populations de la commune de Mbandjock, alors que l'exploitation optimale du potentiel existant le permettrait. Face à cette situation, un plan de développement énergétique à partir de la cogénération de la bagasse doit être implémenté. Il s'agit d'accroître l'offre énergétique de la SOSUCAM à travers la subvention par l'État de l'électrification rurale à partir de la cogénération de la bagasse, de la mise en place d'un cadre réglementaire pour les énergies renouvelables au Cameroun, le renforcement des capacités des acteurs impliqués dans ce domaine.

Bibliographie

Amadou Mounkaila Hama, Soulé Moussa, Eberechi Osuagwu Cecilia, 2023. "The potential biomass resources for a sustainable bioenergy planning in West Africa: insight from Niger", connection on 08 June 2023, DOI : https://doi.org/10.21203/rs.3.rs-2943477/v1

Bafoil François, Guyet Rachel, Lepesant Gilles, 2021. Bonnet Amélie, « Décentralisation énergétique et innovations territoriales : Une comparaison européenne dans les secteurs de l'éolien, de la biomasse et du photovoltaïque », [Rapport de recherche] Centre de recherches internationales, p. 235, consulté le 8 juin 2023, URL : https://hal-sciencespo.archives-ouvertes.fr/hal-03459370

Bonazzi Catherine, 2022. « Perspectives du génie des procédés pour la valorisation alimentaire et non alimentaire des agro-ressources », SFGP 2022 - 18e congrès de la Société Française de Génie des Procédés, SFGP, Nov, Toulouse, consulté le 08 juin 2023, URL : https://hal.inrae.fr/hal-03884113

Bossou Gbokanlé Osmiel Auréüs, Doko Valéry K., Gibigaye Mohamed, Bacharou Taofic, Godonou Gildas, 2022. « Valorisation de la biomasse végétale, bagasse de canne à sucre, gousse de mil, au profit d'un composite à matrice cimentaire », École Polytechnique d'Abomey-Calavi, 119 p.

Britta Klagge, Brocke Tobias, 2015. « La transition énergétique à l'échelle locale : la production décentralisée d'électricité et le rôle des entreprises municipales et des fournisseurs régionaux », *Revue Géographique de l'Est*, Vol. 55, N° 1-2, consulté le 5 février 2022, URL : http://journals.openedition.org/rge/5435 ; DOI : https://doi.org/10.4000/rge.5435

EUEI, 2014. « Politique nationale, stratégie et plan d'action pour l'efficacité énergétique dans le secteur de l'électricité au Cameroun », Rapport d'étude, 72 p.

Faye Papa Antoine Lademba, 2014. *Analyse et optimisation de la production d'énergie renouvelable d'origine biomasse*, Mémoire d'ingénierie Energie, Institut International d'Ingénierie de l'Eau et de l'Environnement (2iE), 53 p.

Kamdem Kamdem Maxime, 2008. *Énergie électrique et la pauvreté au Cameroun*, Thèse de Doctorat, Science Économique, Faculté des Sciences Économiques et de Gestion, Université de Yaoundé 2, 339 p.

Kechkar épse Chaimi Madina, Majda Amina Aziza, Toudert Ahmed Zaid, 2020. « Procédé de conversion de la biomasse pour la production durable de piocarburants », consulté le 8 juin 2023, URL : http://repository.enp.edu.dz/jspui/handle/123456789/417

Maguina Zelakwa, 2013. « Rapport sur les agro-industries dans le développement des zones rurales et dans les stratégies de développement au Cameroun : cas de la SOSUCAM », CIRAD, 37 p.

Moukouri-Kouoh H. Ng., 1974. *Le site sucrier de Mbandjock. Le secteur d'extension de la canne â sucre*, Pédologie - Aptitude culturale, ORSTOM, Yaoundé, 111 p.

Ndimba Grégoire, 2012. « État des lieux du cadre réglementaire du secteur des énergies renouvelables au Cameroun », Rapport d'analyse, UICN, Global Village Cameroon, 86 p.

Ngnikam Emmanuel, 2006. « Énergie et écodéveloppement au Cameroun », HELIO International, 67 p.

Nguedia André Marie, Noula Charly, 2012. « La politique du gouvernement camerounais en matière de production et de distribution d'énergie électrique. Zoom sur le potentiel énergétique de la société sucrière du Cameroun (SOSUCAM) », Congrès sucrier ARTAS/AFCAS 2012, La Réunion, 10 p.

Ongue Pezzana Noëlle Georgette, 2017. *Autonomisation énergétique de la SOSUCAM de Mbandjock, une industrie sucrière camerounaise*, Mémoire de DIPES II, Département de Géographie, ENS-Université de Yaoundé 1, 100 p.

RECP « Renewable Energy Cooperation Program »/Union Européenne, 2014. « Étude sur l'électrification rurale à base d'énergies renouvelables en Afrique Centrale et Australe », Rapport d'étude, 11 p.

Tchatat Gabriel, 2014. « Cameroun - Contribution à la préparation du rapport national pour la formulation du livre blanc régional sur l'accès universel aux services énergétiques intégrant le développement des énergies renouvelables et de l'efficacité énergétique », Rapport final, 245 p.

Tekounegning B., 2010. Contribution au développement des micros centrales hydroélectriques dans la région de l'Ouest Cameroun, Thèse de Doctorat/Ph.D, Génie Énergétique, Université de Dschang, 340 p.

Analyse socio-économique des micro-unités de transformation du cacao (*Théobroma*) au Cameroun

Eléazar Tchemtchoua
Université de Dschang
tchemtchouaeleazar@yahoo.fr

Isaac Roger Tchouamo
Université de Dschang
rogetchouam@yahoo.fr

Joseph Gabriel Elong
Université de Douala
gelongue49@gmail.com

Dans toute chaîne de valeur, la transformation du produit primaire est souvent présentée comme un maillon incontournable. Elle joue un rôle stratégique (Broutin, Broucas, 2006). En effet, la production agricole, qu'elle soit destinée au marché local ou non, a nécessairement besoin d'un secteur adjacent permettant de la connecter au consommateur. En Afrique, une part importante des activités socioéconomiques est consacrée aux activités de transformation des denrées agricoles. Les outputs issus de ces activités sont généralement des nouveaux produits qui peuvent être alimentaires ou destinés à d'autres fins. Au Cameroun, la transformation agroalimentaire concerne non seulement les produits vivriers, mais aussi des produits issus des cultures de rente comme le cacao. Cet État occupe le rang de cinquième producteur mondial de cacao avec une production de 253 510 tonnes en 2018. Au cours de cette dernière année, 53 494 tonnes ont été transformées localement dont 99 % par les industriels et 1 % (91 tonnes) par les artisans locaux (ONCC, 2018). Ainsi, la transformation de ce produit, sur le plan local, avoisine à peine 22 % de la production nationale et est surtout le fait des entreprises industrielles, notamment la Société industrielle de commercialisation des cacaos (Sic Cacaos), la Chocolaterie du Cameroun (Chococam), les Tiger

Brands et Cameroon Investment Company (ONCC, 2018). Dans sa dimension « micro industrielle », la transformation locale de cacao demeure artisanale et faiblement pratiquée. Étant à l'interface entre la production et la consommation du cacao, cette activité génère pourtant des revenus non négligeables pour de nombreux acteurs locaux. Elle est susceptible de créer de la valeur ajoutée et de nombreux emplois au niveau local. Elle représente aujourd'hui un secteur fragile qu'il faut valoriser pour assurer la durabilité de la filière.

Cependant, si l'on a une estimation du nombre de producteurs de cacao voire leurs profils socioéconomiques, on dispose encore de peu de données sur la transformation micro-industrielle locale. Par conséquent, disposer de nouvelles connaissances sur ce maillon de la chaîne de valeur cacao est important dans la mesure où elles peuvent servir de boussole à toute initiative visant à développer ce secteur d'activité.

L'objectif de cette étude est d'apporter un éclairage sur l'environnement socioéconomique des très petites unités (micro-unités) de transformation de cacao, d'identifier les contraintes qui s'y imposent à l'effet de booster leur performance. Ce travail permet ainsi de connaître : la typologie des acteurs, le mode de fonctionnement, les modes de financement, les sources d'énergie requises, le rendement des unités de transformation, la clientèle et, enfin, les contraintes relatives aux procédés de transformation de cacao.

I. Matériel et méthode

A. Matériel

L'étude a été menée auprès de 23 unités de transformation locale de cacao choisies parmi 45 autres et réparties dans cinq arrondissements de cinq régions différentes à savoir : Akonolinga (Région du Centre), Ebolowa (Région du Sud), Kumba (Région du Sud-ouest), Njombé-Penja (Région du Littoral) et Ndélélé (Région de l'Est). Notre choix s'est porté sur ces lieux parce qu'ils constituent les principaux bassins de production du cacao au Cameroun et qu'il est possible d'y trouver des unités de transformation micro-industrielle. Les enquêtés sont des propriétaires des micro-unités de transformation de cacao. L'accent a été mis sur les transformations destinées à la consommation alimentaire. Le questionnaire utilisé dans cette enquête comporte deux grandes sections, chacune correspond à une variable afin de la rendre compréhensible. Les principales variables d'étude de cette enquête incluent : les facteurs de production utilisés et les difficultés rencontrées dans l'activité. Un échantillon de vingt-trois propriétaires d'unités de transformation de cacao ont été enquêtés sur 45 répertoriés, soit 50 % de la population totale (*cf.* tableau 1).

Tableau 1 *: Répartition de l'échantillon des propriétaires d'unité locale de transformation*

Régions	Département	Arrondissement	Unités de transformation répertoriées	Unités de transformation enquêtées
Centre	Nyong-et-Mfoumou	Akonolinga	08	04
Littoral	Moungo	Njombé-Penja	10	05
Sud-Ouest	Mémé	Kumba	12	06
Sud	Mvila	Ebolowa	10	05
Est	Kadey	Ndélélé	05	03
TOTAL			45	23

Source : Tchemtchoua, Enquêtes de terrain, 2016

B. Méthode

Cette étude s'est basée sur un échantillonnage par quota, une démarche non probabiliste qui a permis de travailler avec 50 % des acteurs répertoriés. Grâce à des questionnaires, des enquêtes ont pu être menées afin de caractériser les unités de transformation et identifier les différentes contraintes socioéconomiques rencontrées. De même, une approche participative a permis d'observer de près les pratiques de production dans les unités de transformation. Les données collectées sur le terrain ont été dépouillées manuellement et traitées à l'aide du tableur Microsoft Excel 2013.

II. Résultats

A. Caractérisation socioéconomique des unités locales de transformation de cacao

Dans cette activité, on note une forte implication de la gent féminine. Soixante et un pour cent des unités sont gérées par des femmes. Quand elles n'en sont pas propriétaires, elles y interviennent en tant qu'employées. La moyenne d'âge des opérateurs est de 43 ans. Les unités de transformation ont généralement un caractère associatif. En effet, ces unités fonctionnent sous la bannière des structures à but non lucratif. Ce sont donc pour la plupart des coopératives, des Groupes d'Initiatives Communes (GIC) ou encore des associations et non des entreprises dans le sens légal et limité du terme. Ceci peut s'expliquer, d'une part, par le fait que ces structures sont rurales et éloignées des centres urbains abritant les Centres de Formalités de Création d'Entreprises (CFCE). D'autre part, il faut aussi y voir une stratégie développée au sein de ces organisations pour contourner les contraintes fiscales en vigueur dans le pays au regard de leur fragilité économique. Si les micro-unités de transformation évoluent en tant que structures à « but non lucratif » plutôt que de « très petites ou petites entreprises », c'est pour éviter le paiement des taxes et des impôts prévus par la règlementation et inhérents au fonctionnement des entreprises. Il faut noter que dans les micro-industries locales, une main-d'œuvre abondante et diversifiée ne s'impose pas. La main-d'œuvre est familiale pour 81 % d'entre elles, 15 % des unités de transformation combinent l'emploi de membres de la famille et de salariés. Un employé peut y effectuer plusieurs tâches/fonctions telles que le triage, le broyage, le conditionnement voire la commercialisation.

Une micro-unité de transformation emploie en moyenne cinq personnes, dont deux permanents et trois temporaires. Les salariés autres que les membres de la famille ne sont que rarement plus de deux. En outre, le secteur restant informel, les employés ne sont pas affiliés à la Caisse Nationale de Prévoyance Sociale (CNPS), leur affiliation supposant un salaire minimum interprofessionnel garanti (SMIG) fixé à ce jour à 35 000 FCFA (53, 35 €). Par conséquent, dans ces unités de transformation, les salaires des employés sont bas et très variables. Compte tenu du budget relativement réduit des unités agroalimentaires à base de cacao, la transformation constitue une activité génératrice « directe » de revenus et une source d'emploi principalement pour les membres de la famille et, dans une moindre mesure, pour des individus n'appartenant pas à ce cadre.

Au sujet de la typologie des acteurs, on distingue deux principaux types d'agrotransformateurs de cacao : les « producteurs-transformateurs » (33 %) possédant des plantations en production (*cf.* photo 1) et leur séchoir (*cf.* photo 2) et les transformateurs non producteurs (67 %).

Photo 1 *: Pieds de cacaoyer en champ à Akonolinga*
© Tchemtchoua, Enquête de terrain, 2016

Photo 2 *: Séchage solaire de cacao à Ebolowa*
© Tchemtchoua, Enquête de terrain, 2016

Les producteurs-transformateurs sont d'abord des producteurs de cacao. Après la récolte, seule une partie de la production est destinée à la transformation, pour éviter d'éventuelles pénuries de matière première. Par ailleurs, connaissant les conditions favorables à l'optimisation des produits du cacao, ces transformateurs s'appliquent aux bonnes pratiques agronomiques et post-récoltes. Ils peuvent ainsi faire une projection non seulement de la quantité, mais aussi de la qualité des produits qui seront obtenus après la transformation du cacao. Ces possibilités sont cependant moindres, voire inexistantes, pour les « transformateurs non producteurs » qui ne produisent pas le cacao et sont, en conséquence, plus vulnérables à la volatilité du prix de la matière première lors de l'achat.

B. Savoir-faire, mode de financement des activités

Le savoir-faire provient en grande partie d'un apprentissage informel. La formation des propriétaires d'unités de transformation locale, pour 69 % d'entre eux, a été assurée gratuitement par un tiers (ami, membre de famille) ou moyennant une somme pouvant osciller entre 20 000 FCFA (30 € 48) et 50 000 FCFA (76, 22 €). Vingt-deux pour cent ont acquis leur connaissance sur la transformation lors d'ateliers et de séminaires (ONG, Associations, Structures publiques). Dans ce secteur d'activité, une minorité d'acteurs provient des institutions formelles agréées (Universités, Centres de formation professionnelle). Ayant acquis une spécialisation dans ce domaine, lesdits acteurs représentent un potentiel sous-exploité dans l'environnement socioéconomique. En effet, compte tenu de la difficulté à trouver un emploi, ces diplômés décident de s'installer à leur propre compte pour échapper au chômage. En général, il n'est pas aisé, dans cette économie rurale, d'embaucher des individus disposant d'un tel niveau de qualification.

Par ailleurs, bien que travaillant sur la transformation du cacao, les enquêtés disposent pour la plupart de connaissances diversifiées pouvant leur permettre de transformer des produits autres que le cacao. Cette stratégie découle de la volonté de ces acteurs d'offrir une gamme variée de produits et par cette démarche, à minimiser le risque et diversifier leurs revenus. Le cacao est généralement acheté au prix en vigueur sur le marché. Les enquêtés, de par leurs expériences, affirment qu'un cacao mal fermenté et/ou mal séché a toujours une incidence sur la qualité et le niveau de la production de l'unité de transformation et, par conséquent, sur les revenus. Pendant les périodes de récolte, l'offre de cacao est abondante, ce qui facilite l'approvisionnement des unités de transformation du cacao. Les observations mettent en lumière un secteur dans lequel la vitesse de diffusion des savoirs est encore informelle et lente.

Sur l'ensemble des unités, il est difficile d'observer une uniformité dans les procédés. D'un lieu à un autre, les procédés sont manuels, mais aussi mécanisés. Faute de circuits d'approvisionnement en matières premières de qualité et de distribution formels, il n'existe pas de véritable traçabilité des produits issus de la transformation locale. L'ensemble formé par les micro-unités de transformation ne forme pas un groupe homogène. Le tableau 2 montre les différents chiffres d'affaires enregistrés. La différence entre les micro-unités de transformation de cacao ne s'observe pas seulement au niveau des équipements utilisés, elle apparaît encore au niveau du chiffre d'affaires. En effet, une unité de transformation « A » peut avoir un coût d'investissement (matière première, équipement, main-d'œuvre) inférieur à celui d'une unité « B », mais avoir des chiffres d'affaires inversement proportionnels. Ceci s'explique à trois niveaux. Premièrement, la combinaison des facteurs varie d'une unité à une autre et est fortement liée à la capacité de management des ressources.

***Tableau 2** : Niveau de fonctionnement des équipements et chiffres d'affaires*

	Investissement en équipements en FCFA	Quantité broyée kg/an	Capacité théorique estimée par le transformateur (kg/an)	Degré de sous-utilisation (%)	Principaux extrants	Chiffre d'affaires en FCFA
Catégorie 1 : Procédés essentiellement manuels	Moins de 100 000	360	600	40	Beurre et poudre	964 260
Catégorie 2 : Procédés manuels et électriques	100 000 300 000	756	900	16	Beurre et poudre	2 024 946
	300 000 500 000	888	1 800	51	Beurre et poudre	2 378 508
	500 000 700 000	1 260	2 100	40	Beurre et poudre	3 374 910
	700 000 1 500 000	1 080	3 000	64	Beurre et poudre	2 892 780

Source : Tchemtchoua, Enquête de terrain, 2016

Deuxièmement jouent la quantité et la qualité des extrants de la transformation. Troisièmement s'impose la « profondeur » du marché dans lequel l'unité de transformation écoule ses produits.

Afin d'estimer le chiffre d'affaires de ces micro-industries, deux principaux produits ont été retenus : le beurre de cacao et la poudre de cacao. On s'est basé sur un rendement de 25 % de beurre pour 100 kg de cacao et 75 % de tourteau (ou 70 % de poudre après broyage et tamisage). Le prix de vente du litre de beurre a été fixé à 10 000 FCFA (15, 24 €) et celui de la poudre à 255 FCFA soit 0,39 € le kilogramme. Le chiffre d'affaires moyen des micro-industries de catégorie 1 et de catégorie 2 est respectivement de 964 260 FCFA (1 470 €) et de 2 667 786 FCFA (4 067 €) par an. Des économies d'échelle sont tout aussi possibles sur la matière première, car il a été constaté que pour une même quantité de fèves achetées, le chiffre d'affaires des micro-unités de transformation peut augmenter de 30 à 75 % quand les extrants sont plus nombreux (savon, chocolat, caramel, pâte à tartiner) et le marché favorable. Donc quand les conditions de production et du marché sont favorables ou, au moins, en équilibre (Quantité des extrants produits = Quantité des extrants vendus), le retour sur investissement moyen dans les micro-unités de transformation de cacao est de 1,64 mois.

Il faut noter qu'il arrive que les connaissances et savoir-faire développés dans les unités locales de transformation de cacao aboutissent à des innovations liées aux qualités physiques, organoleptiques et chimiques des produits (suppression de l'amertume des fèves, fabrication des potions et lotions pharmaceutiques à base de cacao et d'autres ingrédients locaux). En effet, parmi les incongruités rencontrées par les transformateurs locaux de cacao, on note l'absence de protection de la propriété intellectuelle de leurs produits. Or, ces innovations peuvent générer des revenus conséquents à leurs détenteurs. Les procédures de protection sont très longues et coûteuses. Malheureusement, de nombreuses innovations développées au niveau de ces unités ne sont pas protégées. Elles deviennent à tort les propriétés des personnes influentes, « mieux placées ». Ces dernières, du fait de leurs positions au sein de l'administration ou de la communauté locale, accaparent des avantages et de diverses retombées économiques desdites innovations au détriment des vrais innovateurs.

C. Mode de financement des activités

Toute localité dispose d'au moins une « micro-finance » opérationnelle. Mais s'agissant du financement, c'est majoritairement sur fonds propres (81 %) que les entrepreneurs exerçant dans cette activité parviennent à faire fonctionner leur structure. L'accès au financement pour améliorer les conditions de travail demeure un véritable obstacle. Ceci s'explique, d'une part, par un manque de fiabilité des garanties produites par les transformateurs demandeurs de crédit. D'autre part, les informations concernant les opportunités de financement ou d'appui divers par les institutions publiques ne parviennent pas toujours au niveau des ruraux. Ne maîtrisant pas les mécanismes de financement conventionnels disponibles ou déçus par ces derniers, les entrepreneurs ruraux se tournent vers les tontines et autres modes de financement traditionnels. Aussi, même quand un agro-transformateur parvient à monter un dossier conforme, les tracasseries administratives constituent un véritable obstacle à l'aboutissement des procédures de financement surtout publiques. Ainsi, bien que la compréhension des enjeux économiques par les différents opérateurs de ce secteur d'activité soit effective, les conditions financières pour en tirer des profits durables restent encore précaires. Toutefois, en dépit de cette situation, 33 % des micro-unités de transformation ont investi une somme variant de 500 000 FCFA (762, 25 €) à 1 500 000 FCFA (2 287 €) pour l'achat des équipements.

D. Nature de la source d'énergie

Toutes les micro-unités de transformation n'ont pas recours à l'électricité dans les procédés de transformation. La meule à main est l'équipement mécanique le plus fréquemment utilisé. Par ailleurs, il est important de noter qu'au niveau des procédés de transformation, les unités de transformation de la première tranche/catégorie (investissement en équipement inférieur à 100 000 FCFA soit 152 €45) utilisent des procédés essentiellement manuels sans recours à l'énergie électrique. Malheureusement, ce travail est très pénible. De la même manière, dans certaines de ces unités, les équipements utilisés pour torréfier le cacao et/ou obtenir le beurre de cacao et la pâte à tartiner sont : une marmite, des récipients, du bois, un tamis et des emballages pour le conditionnement. Le broyage des fèves torréfiées se fait généralement à l'aide d'une moulinette manuelle comme le montre la photo 3. Celles de la deuxième catégorie (investissement variant entre 100 000 FCFA soit 152, 45 € et 1 500 000 FCFA soit 2 287 €) ont recours à une combinaison de procédés manuels et mécanisés/motorisés, pour faire fonctionner certains équipements à l'effet d'optimiser la qualité et la quantité des produits. Par exemple, l'obtention du beurre de cacao peut se faire à froid à l'aide d'une presse motorisée comme illustré dans la photo 4.

Photo 3 : *Masse de cacao obtenue par des procédés manuels à Ebolowa*
© Tchemtchoua, Enquête de terrain, 2016

Photo 4 : *Extraction mécanisée du beurre de cacao dans une micro-unité de transformation de cacao à Ebolowa*
© Tchemtchoua, Enquête de terrain, 2016

E. Rendement des unités de transformations

Une micro-unité de la catégorie 1 transforme en moyenne 360 kg de cacao par an tandis que celle de la catégorie 2 avoisine 996 kg/an soit 83 kg/mois pour une capacité estimée à 1 950 kg/an soit 162,5 kg/mois. Le degré moyen de sous-exploitation des équipements dans l'ensemble des unités est de 42 %. Ceci s'explique par la forte discontinuité observée dans les activités. En effet, les quantités broyées varient d'un mois à l'autre selon la demande du marché et des imprévus techniques. Il arrive que les unités soient inactives pendant plusieurs semaines à cause des pannes, mais surtout à cause de la lenteur des ventes. Une même quantité de cacao peut être broyée en une, deux ou trois phases selon la demande et nécessiter deux voire cinq jours pour finaliser la fabrication du produit. Le reste du temps est consacré à l'écoulement du produit sur le marché.

F. Caractéristiques des Transformateurs du Cacao et de la Clientèle

Près de 51 % des transformateurs produisent à la demande. La prospérité des micro-unités de transformation dépend aussi de la localisation de l'unité de transformation, de la diversité des produits et sous-produits obtenus autant que de leur demande sur le marché. Bien qu'avantageux, pour le transformateur qui ne produit pas au hasard, la vente sur commande est aussi risquée en ce sens que la commande peut être faite à un moment où les fèves de cacao séchées sont rares ou quand les équipements sont en panne. Par ailleurs, quand la fréquence des commandes est faible, l'activité fonctionne également au ralenti. Cet état de choses crée une insécurité économique de l'activité et fragilise les unités de transformation. Il arrive qu'après la fabrication des produits, les microtransformateurs se chargent de chercher la clientèle. Malheureusement, quand ces produits ne sont pas totalement écoulés, ils sont stockés, ce parfois dans des conditions peu recommandables. Au niveau du conditionnement des produits, une évolution notable est cependant constatée. Les emballages sont de plus en plus attractifs et de bonne qualité. Le seul inconvénient reste que l'habitation des propriétaires des micro-unités de transformation sert généralement de lieu de travail. Les difficultés relatives au marché de consommation sont liées au manque de formation en techniques de marketing des entrepreneurs locaux de la microtransformation du cacao. Bien que le niveau de consommation soit encore embryonnaire, le manque d'étude préalable du marché expose les opérateurs à mettre sur le marché des produits peu compétitifs et peu attractifs.

S'agissant de la typologie de la clientèle, 83 % des produits sont vendus directement à des clients déjà fidélisés/réguliers. Cette catégorie constitue l'ensemble des acheteurs procédant généralement sur commande. Ce sont des particuliers, des boutiquiers et des petites surfaces. Les produits sont aussi vendus à une clientèle irrégulière (8 à 12 %). Elle intègre la clientèle occasionnelle ne faisant pas partie du répertoire habituel (commande pour des cérémonies, foires, expositions-ventes). L'autoconsommation absorbe aussi plus 5 % de la production. Afin d'accroître leur profit, les transformateurs ont parfois recours à la vente d'une gamme de produits diversifiés : produits dérivés du cacao et des autres spéculations agricoles, produits non agricoles (textiles, objets d'art, etc.).

G. Contraintes des activités de transformation du cacao

Les besoins exprimés par les agrotransformateurs sont nombreux. Ils concernent le besoin de formation de qualité principalement dans les domaines de la transformation et la commercialisation, l'accès aux équipements modernes et performants, la recherche des débouchés (le marché demeure obstrué par la concurrence que mènent les entreprises étrangères installées sur le marché local et les habitudes alimentaires locales peu orientées vers la consommation des produits dérivés du cacao), l'accessibilité aux financements sollicités par 54 % des agrotransformateurs rencontrés.

Selon les agrotransformateurs, la disponibilité en quantité du cacao ne pose pas de problème. Le souci majeur concerne la qualité, les conditions de conservation ou de stockage de la matière première et des produits transformés. Les mauvaises pratiques surtout post-récoltes affectent la qualité et, partant, la quantité des produits. Dans la fabrication locale des produits chocolatés, les matières premières autres que le cacao (sucre, huile végétale et lait) atteint 20 à 40 % du coût de production et provient des agro-industries locales ou étrangères. De surcroît, du fait de la faible disponibilité en équipements adéquats, le chocolat produit au niveau des micro-unités locales n'a pas toujours une texture (surtout au niveau de la granulométrie) lui permettant de concurrencer celui proposé par les firmes internationales. Par ailleurs, la concurrence entre les produits agroalimentaires fabriqués localement et ceux importés est rude. La conjugaison de ces entraves contribue malheureusement à réduire la rentabilité de l'activité et la diversification des extrants au niveau des micro-industries locales.

Pour contourner les difficultés liées à la quantité et à la qualité des produits mis sur le marché, certains propriétaires d'unité de transformation optent pour une stratégie de partenariat avec des producteurs locaux, matérialisée par un contrat. Cette démarche tout à fait particulière a été observée dans la localité de Ndélélé. En effet, la principale coopérative opérant dans la microtransformation a signé un contrat avec certains producteurs devant leur garantir la livraison d'un cacao de qualité (par le respect des procédés pré et post-récolte). En retour, le cacao ainsi produit est acheté à un prix fixe 1 000 FCFA (1€52) quel que soit le prix en vigueur sur le marché. S'agissant des principaux produits proposés à la clientèle, ils sont regroupés en trois catégories : pharmaceutiques, cosmétiques et alimentaires. Ces derniers extrants sont nombreux. On peut citer : la pâte à tartiner, le cacao caramélisé, le jus de cacao, la poudre de cacao et, enfin, le beurre de cacao. La clientèle urbaine consomme le chocolat, mais les propriétaires de micro-industries locales peinent encore à en fabriquer un de qualité à moindre coût. Ce dernier trait est le principal obstacle à la pénétration de leurs produits sur le marché. Par exemple, une tablette de chocolat au lait de 100 g fabriquée par une micro-unité varie de 1 000 FCFA (1€52) à 2 500 FCFA (3€81) alors que celle provenant des industriels (avec de nombreux ingrédients de synthèse) et présents dans la plupart des boutiques des quartiers (plus proches des consommateurs) revient deux à trois fois moins coûteuse. L'ensemble des dysfonctionnements contribuant à obstruer le chemin de l'émergence des micro-industries locales peuvent être illustrés dans la figure 1.

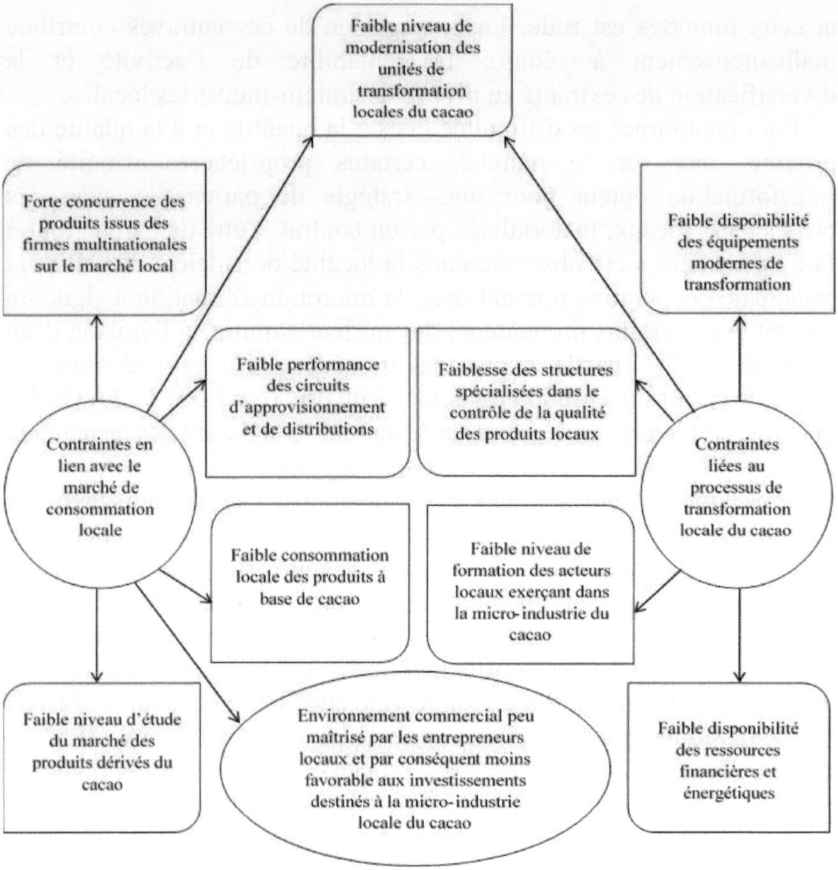

***Figure 1** : Contraintes à la modernisation des unités de transformation du cacao au Cameroun*
© Tchemtchoua, Enquête de terrain, 2016

III. Discussion

Le fait que les femmes soient plus représentées dans la microtransformation du cacao témoigne, de manière criarde, qu'elles disposent des atouts pour y réussir tout en leur permettant de valoriser leurs compétences. Comme le montrent Ferré et *al*. (2018), dans l'étude de la transformation du fonio en Afrique de l'Ouest, elles sont considérées comme des promotrices d'innovations et des leaders de l'entrepreneuriat agroalimentaire.

On constate aussi que la main-d'œuvre des micro-industries de transformation du cacao est essentiellement familiale plutôt que contractualisée. Cette observation est conforme à celle faite par Broutin et Broucas (2006) dans l'étude des micro- et petites entreprises agroalimentaires en Afrique subsaharienne.

Bien que la formation des acteurs soit principalement informelle, il est à noter qu'elle tient compte des spécificités locales, car plus elle est accessible par son coût et sa durée (maximum 3 jours) et les techniques de communication utilisées pour la transmission des savoir-faire. La transformation du cacao à très petite échelle démontre l'existence d'un savoir-faire technique et inclusif, parfois très complexe. Elle intègre de nombreux métiers connexes qui ne peuvent être développés sans un apprentissage. C'est le cas de la fabrication des équipements (moulin, presse) par des équipementiers locaux. À l'instar d'autres filières agricoles, la formation professionnelle y est capitale. Offerte aux ruraux, elle contribue à consolider leur position en tant qu'intermédiaires pertinents entre la production de cacao et la consommation locale. Puisque les activités relatives à l'agrotransformation procèdent de la production agricole, les mécanismes de diffusion de savoir sont semblables. Même si la formation formelle/professionnelle a de nombreuses contraintes (temps et coût), elle demeure capitale pour la maîtrise et la diffusion de procédés de fabrication des produits et sous-produits du cacao haut de gamme. En effet, en se basant sur Haïti, Sergot (2009, p. 72) note que « le savoir-faire agricole s'acquiert en grande partie à travers des processus non formels qui sont le fait des institutions formelles (Services de l'État, ONG ou autres organismes de développement), informelles et par des pairs ». Toutefois, l'acquisition de nouvelles compétences par les agrotransformateurs contribue à améliorer leur position vis-à-vis des autres acteurs. Les microtransformateurs peuvent développer leurs capacités d'innovation à partir des savoirs nouveaux qui leur permettront de rester compétitifs sur les marchés. Mais les outputs issus de l'agrotransformation doivent être conformes aux exigences quantitatives et qualitatives de la clientèle. Dans cette logique, les aspects liés aux procédés de transformation et à la durée de conservation doivent être satisfaisants (Broutin et *al.*, 2003).

Un écueil également présent dans le secteur de la transformation est la faible disponibilité et le coût élevé des équipements performants. La sous-exploitation des équipements disponibles est indirectement liée à la faible consommation locale des produits dérivés du cacao, qu'ils soient alimentaires ou non alimentaires. De même, le marché de consommation des produits à base de cacao est dominé par les produits importés. Les produits locaux souffrent donc d'un manque de débouchés rémunérateurs.

L'étude a montré que des agrotransformateurs de cacao peuvent réaliser un chiffre d'affaires important avec un investissement relativement réduit en équipements. Ils agissent en utilisant au mieux les ressources dont ils disposent compte tenu des contraintes qu'ils subissent (Cahuc, 1993). Dans une certaine mesure, ils préfèrent travailler avec des équipements moins coûteux afin de réduire les charges. Cela rejoint l'analyse de Hayami et Ruttan (1971) selon laquelle les agents économiques, dans leurs activités, sont plus sensibles aux variations de prix affectant leur coût de production. De ce fait, ils y réagissent en introduisant ou en utilisant des technologies excluant les facteurs de production onéreux. Toutefois, se contraindre à ne pas investir dans l'acquisition des équipements à la pointe de la technologie peut conduire à une perte de compétitivité et, sur le moyen terme, à l'éviction du marché.

Cette étude montre qu'afin de se prémunir de l'achat de cacao de mauvaise qualité, certaines unités de transformation optent pour des contrats avec les producteurs, lesquels ont, en retour, la garantie d'un prix plus stable. Ces contrats, selon les cas, peuvent être formalisés par un document. Toutefois, la confiance mutuelle reste le principal lien entre les producteurs et les transformateurs. Cette entente est capitale, car elle permet d'accroître la sécurité économique de chaque maillon cocontractant en réduisant les risques liés aux coûts des transactions. Cette approche est bénéfique pour les deux parties. En effet, la signature d'un contrat agricole implique que le producteur s'engage à produire un cacao selon les exigences du transformateur qui l'achète (Minot, 2007 ; Vavra, 2009 ; Prowse, 2013).

Les difficultés d'accès au financement (Ngeuna, 2013) ne sont que des corollaires de l'absence de garantie de la part des entrepreneurs ruraux. En effet, les institutions financières ne financent que des projets supposés rentables et, compte tenu de l'imprévisibilité actuelle du secteur de l'agroalimentaire local, l'obtention de financement par le canal des systèmes financiers décentralisés (SFD) demeure une véritable gageure. Devese (2008) démontre que la spécialisation et le développement de l'entrepreneuriat impliquent une aptitude d'adaptation au marché, mais imposent de disposer des capacités techniques et financières. Or la grande majorité des institutions de microfinance répond difficilement à la demande de crédit de l'équipement productif à moyen terme (Humbert et *al.*, 1993). De plus, au niveau local, l'État peine à concevoir des services financiers adaptés aux activités économiques des entrepreneurs agricoles et agroalimentaires en tenant compte du fait que ces derniers sont incapables de fournir des garanties matérielles crédibles. Au fur et à mesure que ces acteurs développent leurs structures, les besoins de financement deviennent plus grands. Très rapidement se pose la question de l'accès au crédit. Les demandeurs de crédit souffrent de ce que Cocauthrey (2009) appelle l'absence des mécanismes souples et adaptés au financement des activités productrices de richesses. De même, la démarche pour bénéficier d'un financement public est obstruée par des asymétries d'informations. Alors que la création en 2016 de la banque des petites et moyennes entreprises au Cameroun a suscité beaucoup d'espoir et d'engouement de la part de nombreux opérateurs du secteur agricole et agroalimentaire, les conditions d'octroi des préfinancements et la « très centralisation » de son système ont très vite suscité le découragement.

Les micro-unités locales de transformation de cacao peinent encore à trouver une bonne stratégie pour se positionner sur le marché local au regard de la concurrence déloyale exercée par les multinationales agroalimentaires. Si rien n'est fait, le risque est grand d'assister à un essoufflement voire une asphyxie des micro-industries du cacao locales et émergentes comme ce fut le cas, dans la décennie 90, avec le secteur avicole au Cameroun (Dupraz, Postolle, 2010).

La qualité sanitaire des produits et sous-produits issus des micro-unités de transformation n'est pas toujours garantie. Cela est conforme aux observations selon lesquelles les aliments issus des micro- et petites entreprises agroalimentaires ne satisfont pas toujours aux normes de salubrité tant sur le plan microbiologique qu'en teneur en mycotoxines ou en résidus de pesticides (Kane et *al.*, 1991). Si la question de la sécurité sanitaire et particulièrement de la qualité des produits transformés localement demeure, plusieurs facteurs peuvent en être la cause. Tout d'abord, il se pose le problème des contraintes de transformation évoquées dans cette étude. Ensuite, il y a la question de la non-conformité, plus ou moins volontaire, des pratiques aux normes existantes en matière de qualité des produits alimentaires fixées par l'Agence de Normalisation et de la qualité (ANOR). Par ailleurs, les mécanismes ou les initiatives en contrôle de la qualité semblent être peu efficaces sur le terrain. L'explication en est que pour contrôler une activité, il faut au préalable localiser le lieu de son déroulement. Or la difficulté à identifier et à répertorier toutes les unités locales de transformation du cacao favorise un cafouillage dans lequel chacun peut produire n'importe quoi, n'importe où et n'importe comment puis déverser sans crainte sur le marché un produit de qualité douteuse.

Conclusion

Notre étude s'est intéressée à l'environnement socioéconomique prévalant au niveau des micro-unités de transformation du cacao au Cameroun. La filière cacao dans son ensemble est en pleine mutation. Les modes de gestion et d'organisation de la microtransformation locale du cacao témoignent de sa jeunesse et révèlent un besoin pressant d'accompagnement. Bien qu'étant encore à une phase artisanale et ouverte sur un marché plus ou moins embryonnaire, cette activité contribue, d'une manière indéniable, à la lutte contre la pauvreté en milieu rural du fait des revenus qu'elle génère. Elle crée de nouveaux métiers, à des échelles variées, au niveau rural et urbain. Dans un contexte de modernisation de l'agriculture et des secteurs qui lui sont connexes, le gouvernement se doit de prendre conscience du rôle de la transformation locale du cacao et s'engager désormais à augmenter la part de cette activité au développement économique. Cependant, force est de constater que la tâche est immense au regard des nombreuses contraintes à la fois sociales, économiques et technologiques observables sur le terrain. Un écueil tout aussi présent dans le secteur de la transformation est la faible disponibilité et le coût élevé des équipements performants. Or le recours à la fabrication locale de ces derniers est possible à moindre coût. En effet, dans les institutions de formation à vocation agronomique, agroalimentaire et industrielle telles que l'École Nationale Polytechnique de Yaoundé et l'École Nationale des Sciences Agroalimentaires et Industrielles (ENSAI) de Ngaoundéré, il est possible de trouver des technologies liées aux génies de procédés ou à la fabrication des équipements. Malheureusement, ces technologies parfois peu « popularisées », à cause d'un manque de coordination entre les acteurs en charge des politiques publiques de développement. Cela révèle une défaillance du système de vulgarisation des équipements de transformation « bon marché » qui en sont issus.

Il est dès lors urgent d'encadrer les acteurs locaux opérant dans la transformation du cacao et les métiers qui lui sont connexes. L'une des stratégies est de promouvoir une approche cluster pour mettre en synergie les acteurs opérant dans toute la chaîne de valeur. Dans ce cluster, il serait important d'identifier et d'intégrer, au niveau national ou international, des compétences avérées pour un appui technique aux opérateurs locaux, à l'effet de les arrimer aux standards agroalimentaires internationaux. Toutefois, il faudra nouer des partenariats pour la promotion et la commercialisation des produits de la micro-industrie du cacao avec de nouveaux débouchés locaux ayant un fort potentiel de consommation, à savoir les aéroports, les agences de transport interurbain, les cantines scolaires et universitaires, les hôpitaux de références. Par ailleurs, en instaurant une fiscalité plus souple et en leur accordant, suivant une démarche participative, des facilités en termes d'accès aux financements, aux équipements modernes et à des formations de qualité, il est possible de faire de transformation locale du cacao un véritable levier du développement local au Cameroun.

Remerciements

Les auteurs adressent leurs sincères remerciements au Projet de Capacitation des Acteurs de la chaîne de valeur cacao en Acronyme « National Cocoa Academy » du ministère de l'Agriculture et du Développement Rural du Cameroun, pour l'appui technique lors des enquêtes ayant permis de réaliser cette étude.

Bibliographie

Broutin Cécile, Bricas Nicolas, 2006. Agroalimentaire et lutte contre la pauvreté en Afrique subsaharienne : Le rôle des micro- et petites entreprises, Paris, Gret, Coll. « Étude et Travaux », 128 p.

Broutin Cécile, François Martine, Sokona Khanata, Tandia Abdoulaye, 2003. « Innovations pour l'approvisionnement alimentaire des villes : quel dispositif d'appui aux micro- et petites entreprises ? », *Agridoc*, Revue thématique, 2 p.

Cahuc Pierre, 1993. « La Nouvelle Microéconomie », Collection Repères, Paris, La Découverte, 16 p.

Devèze Jean-Claude, 2008. *Défis agricoles africains*, Paris, éd. Karthala, 416 p.

Ferré Thierry, Medah Ignace, Cruz Jean-François, Dabat Marie-Hélène, Le Gal Pierre-Yves, Chtioui Matthieu, Devaux-Spatarakis Agathe, 2018. « Innover dans le secteur de la transformation agroalimentaire en Afrique de l'Ouest », *Cah. Agric.* 27 : 15011

Hayami Yujiro, Ruttan Vernon W., 1971. *Agricultural development: an international perspective. Baltimore*, MD : Johns Hopkins Press, 367 p.

Humbert Lucien, Nallatamby Patricia, Yard Yves, Rodondi Jean Edgard, 1994. *Les systèmes d'épargne et de crédit dé-centralisés*, Paris, ministère de la Coopération, 182 p.

Kane Ndjido Ardo, Ndir Babakar, Sarr Abdoulaye Benoît, Diop Ndack, Mane Youssouph, Diack Thierno Souleymane, 1991. « Occurrence de l'aflatoxine B1 dans les principales denrées alimentaires vendues sur les marchés sénégalais », *in* Lemonnier Daniel, Ingenbleek Yves, Hennart Philippe, *Alimentation et nutrition dans les pays en développement*, 4e journées spécifiques internationales du GERM, Paris, France, ACCT-Aupelf-Karthala, p. 143-148

Kouadio Célestin Kouassi, 2019. « Impact du développement de la transformation industrielle de la filière cacao sur l'économie ivoirienne : une analyse en équilibre général calculable », Mémoire de Gestion, Université de Sherbrooke, 87 p.

Kouassi Yao Frédéric, Adou Gnangoran Alida Thérèse, 2022. « Fabrication artisanale de chocolat par les femmes rurales en Côte d'Ivoire : un exemple inédit de lutte contre la pauvreté en milieu rural », *Revue Internationale du Chercheur*, Vol. 3, N° 3, consulté le 8 juin 2023, URL : https://www.revuechercheur.com/index.php/home/article/view/436

Laroche-Dupraz Catherine, Postolle Angèle, 2010. « La souveraineté alimentaire en Afrique est-elle compatible avec les négociations commerciales agricoles à l'OMC ? », *Politique africaine*, Vol. 119, N° 3, p. 107-127

Lescuyer Guillaume, Boutinot Laurence, Goglio Pietro, Bassanaga Simon, 2020. « Analyse de la chaîne de valeur du cacao au Cameroun ». Rapport pour l'Union Européenne, DG DEVCO. Value Chain Analysis for Development Project (VCA4D CTR 2016/375-804). s.l : CIRAD-Wageningen University and Research, 127 p., consulté le 8 juin 2023, URL : https://agritrop.cirad.fr/595017/

Minot Nicholas, 2007. "Contract Farming in Developing Countries: Patterns, Impact, and Policy Implications". Case Study #6-3 of the Program: "Food Policy For Developing Countries: The Role Of Government In The Global Food System". Cornell University Division of Nutritional Sciences, 13 p.

Nguena Christian Lambert, 2013. « Solutions Pratiques au Problème de Financement des PME au Cameroun », ICBE Policy Brief, N° 32 : 1-5

Office National du Cacao et du café, 2015. Bilan de la Campagne cacaoyère 2014-2015

Office National du Cacao et du café, 2015. Bilan de la Campagne cacaoyère 2017-2018

Prowse Martin, 2013. *L'Agriculture Contractuelle dans les Pays en Développement. Une Revue de littérature*, Agence Française de Développement, Coll. « À savoir », N° 12, Paris, 110 p.

Roustel Sébastien, 2021. « Cacao et chocolats », *Éditions TI| Techniques de l'Ingénieur*, consulté le 08 juin 2023, URL : https://www.techniques-ingenieur.fr/base-documentaire/procedes-chimie-bio-agro-th2/operations-unitaires-et-process-de-fabrication-de-produits-alimentaires-42430210/cacao-et-chocolats-fpr271/

Sergot Jacob, 2009. Pourquoi les agriculteurs rationnels sont-ils inefficients ? Capital humain, efficience productive et stratégies paysannes en Haïti, Géographie, Coll. « Sciences Humaines et Sociales »,355 p.

Sykuta Michael E., Cook Michael L., 2001. "A New Institutional Economics Approach to Contracts and Cooperatives", *American Journal of Agricultural Economics*, Vol. 83, N° 5, 1273-1279

Vavra Pavel, 2009. « L'agriculture contractuelle : Rôle, usage et raison d'être », Éditions OCDE, Paris, consulté le 05 février 2022, URL : http://dx.doi.org/10.1787/5kmmmx180zkk-fr.

TROISIÈME PARTIE

VERS UNE INDUSTRIALISATION LOCALE GAGE D'UN DÉVELOPPEMENT DURABLE

L'industrialisation de la pêche dans les îles Manoka : pour une autosuffisance du Cameroun en produits halieutiques

Jean-Baptiste Dimbo Ndama
Université de Douala
johndimbo2002@yahoo.fr

Les richesses biologiques du domaine côtier sont un facteur important de fixation des populations riveraines. L'attractivité des littoraux (Nonn, 1972) et des cités littorales en fait un important marché de produits alimentaires, marché dans lequel le poisson occupe une place de choix. Cependant, au Cameroun, en particulier tout comme en Afrique subtropicale en général, les communautés d'artisans pêcheurs sont confrontées à une double menace. La première vient du large avec le développement d'une pêche industrielle adaptée à la pêche en haute mer, mais qui n'hésite pas à piller les fonds côtiers plus riches (Bellec et *al.*, 1986). La seconde est due à la faible productivité de l'activité. En effet, au Cameroun, la pratique de la pêche le long des côtes est consécutive à leur occupation par les premiers migrants venus de l'hinterland continental vers le XIIe siècle : les Duala, Bakoko ou Malimba, venus des bassins du Congo, se seraient installés le long du fleuve Dibamba pour les uns, sur les berges du Wouri puis autour de l'estuaire pour les autres. Leur terre d'accueil les a modelés en pratiquants de la pêche. Cependant, cette pêche est depuis lors restée une activité traditionnelle, artisanale et confinée à l'autosubsistance familiale. Elle ne pouvait alors que subvenir à la demande substantielle d'une population réduite à l'espace de production. Avec la forte expression des besoins en produits de pêche conséquente à l'explosion démographique, l'activité nécessite plus que jamais une reconsidération des approches, des techniques et moyens utilisés. En effet, les côtes camerounaises sont un biotope de floraison d'espèces aquatiques (Dimbo Ndama, 2019) qu'il conviendrait de valoriser pour faire des îles Manoka, prises comme modèle de l'espace côtier camerounais, une véritable PMI halieutique.

I. État des lieux des ressources naturelles et économiques des îles Manoka

A. Une situation géographique favorable

Les îles Manoka sont situées aux portes de l'estuaire du Wouri, au sud de la ville de Douala (*cf.* carte 1). Sur une trajectoire rectiligne, l'ensemble archipélagique s'étire du Nord au Sud sur 36,19 km, et sur 53,39 km d'Ouest en Est (Dimbo Ndama, 2019). Selon le même procédé, le parcours entre Youpwe et l'île de Manoka s'évalue suivant deux trajectoires. L'une est le passage par le chenal portuaire qui débouche aussi au port de pêche artisanale de Youpwe. Elle est longue de 27,78 km. Le chemin empruntant les criques mesure approximativement 25,55 km.

Les îles Manoka (Douala 6e) s'étirent du 9° 34′ au 9° 42′ de longitude Est, et du 3° 42′ au 3° 66′ de latitude Nord. Les limites Est et Nord-Ouest sont respectivement Mouanko dans la Sanaga Maritime et Tiko dans le Fako (Région du Sud-ouest). Le sud et le sud-ouest lui offrent une ouverture imprenable sur l'étendue océanique, objet de grands enjeux en matière de pêche. Elles occupent une frange du plateau continental de 14 000 km² et de la Zone économique exclusive (ZEE) estimée à 15 400 km² qui sont la propriété du Cameroun.

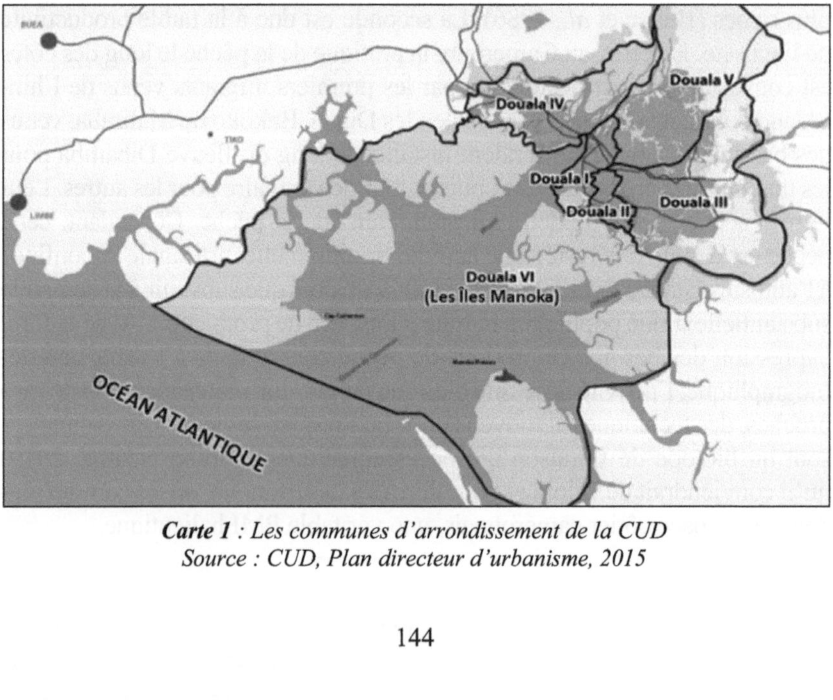

Carte 1 *: Les communes d'arrondissement de la CUD*
Source : CUD, Plan directeur d'urbanisme, 2015

L'estuaire occupe le centre de l'archipel et s'alimente, par son allure étoilée, du fleuve Wouri et des nombreuses criques qui s'y filamentent. Propres aux côtes à marée par définition, les estuaires correspondent aux parties terminales des organismes fluviaux. Le domaine de l'estuaire associe donc, sur le plan morphologique, des éléments issus des processus continentaux, fluviatiles et d'autres, nés des phénomènes hydrodynamiques qui s'y produisent (pénétration de la marée, ses oscillations, la rencontre avec les eaux fluviales). Il en résulte un milieu de sédimentation original et un milieu de vie assez foisonnant. La solidarité des phénomènes y est des plus démonstratives. De la forme et des contours de l'estuaire résultent les manifestations du jeu de la marée. Des modifications de la marée et de l'écoulement des eaux douces résultent les nuances ou les contrastes entre l'amont et l'aval, le chenal ou les bords, tant dans la sédimentation que dans l'écologie.

C'est ici, pour ce qui est de l'estuaire du Wouri, le domaine d'une autre catégorie de l'activité de pêche, mais aux enjeux plutôt modérés. L'un et l'autre domaines peuvent être des facteurs de mise en place et de développement d'une pêche compétitive, à condition que les approches se défassent des pratiques artisanales traditionnelles.

B. État des lieux de l'activité de pêche à Manoka

1. Une pêche pour l'essentiel artisanale

On ne peut parler de pêche dans les pays en voie de développement sans mentionner la pêche artisanale en raison de son importance dans la provision d'emplois, de sécurité alimentaire et de commerce. Dans l'Atlantique Centre Est, 70 % de la production halieutique proviennent de la pêche artisanale (FAO, 2015). Sur la côte camerounaise, le parc piroguier, selon une enquête réalisée en 1995, compte globalement 7 335 pirogues dont 4 930 pirogues monoxyles et 1 957 pirogues en planche (Laure, 1968 ; Dimbo Ndama, 2015). Ces chiffres, très globaux, occultent la dimension démographique et les spécificités propres à certaines localités telles que les îles Manoka. On fait l'hypothèse que, près d'un quart de siècle après cette enquête, le nombre de pêcheurs a été parallèle à l'accroissement de la population insulaire.

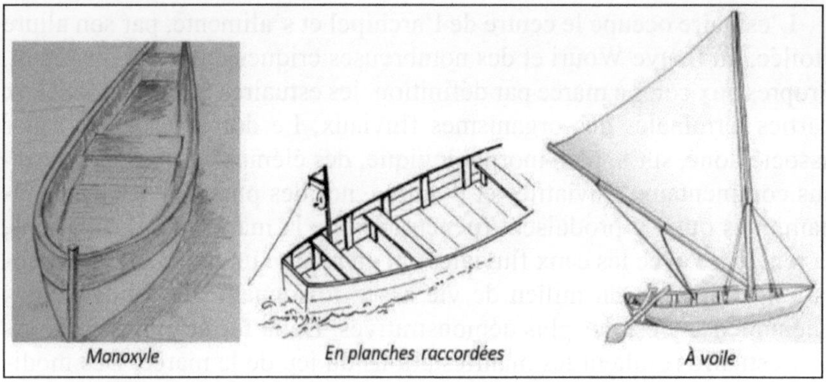

***Figure 1** : Les pirogues artisanales opérant dans les îles Manoka*
Source : http/www.fao.org, consulté le 2 janvier 2022

Par conséquent, la flotte de pirogues s'est sans doute aussi agrandie. Celles-ci sont, pour la plupart, de type ordinaire (*cf.* figure 1), c'est-à-dire dont la force de propulsion est essentiellement humaine. Les pirogues de types monoxyles sont directement creusées dans un tronc de bois ; celles en planches raccordées sont construites à partir d'un agencement de planches ; les pirogues à voile sont soit monoxyles ou en planches. Leur propulsion, bien que manuelle, est tributaire de la force du vent. Ces pirogues sont donc déplacées à la rame ou la pagaie, d'où leur petite taille (4 à 9 m), comparativement aux pirogues à propulsion motorisée qui peuvent atteindre 20 m dans certains cas. Un tel matériel, il va sans dire, n'est pas efficace pour affronter de grandes étendues marines plus tumultueuses, et espérer un rendement satisfaisant. Ces pirogues ont ainsi un rayon d'intervention assez limité.

Plus encore, les engins de pêche et les techniques appliquées dans l'exercice de l'activité sont tout autant dérisoires. Par exemple, on utilise ici les filets de petite envergure pour des captures, et le système en lui-même reste infructueux. Pour un système qui se veut compétitif, les pêches à la ligne, à l'épervier ou à la nasse sont loin de couvrir les besoins attendus au regard du déficit qu'accuse le pays en produits de pêche. Ce mode opératoire, qui domine la pêche à Manoka, est tout d'abord utile à l'autosubsistance familiale. On peut citer :

- Le filet tournant avec coulisse (senne coulissante). Le banc de poissons repéré en surface est encerclé par un long filet dont on ferme la base (pour empêcher le poisson de fuir en plongeant) à l'aide d'une corde (la coulisse) coulissant dans une série d'anneaux montés sur le bas du filet.

- Senne de plage avec poche. Ce grand filet avec une poche centrale est mouillé d'une embarcation en partant du rivage pour y revenir après avoir éventuellement contourné un banc de poissons. La senne est ensuite tirée à la plage.
- Filet maillant encerclant. Ayant repéré un banc de poissons dans des eaux peu profondes, on l'encercle d'un filet maillant dont la base est près du fond et les flotteurs en surface. Des coups de pagaie sur l'eau effrayent le poisson et le poussent vers les nappes dans lesquelles il se maille.
- Filet soulevé. Mouillé au-dessus de petits fonds, ce filet conique maintenu ouvert par un cadre en fer au-dessus duquel un appât attire les crabes est soulevé de temps à autre à la surface.
- L'épervier. Le filet lancé du rivage ou d'une embarcation capture les poissons en retombant dans des eaux généralement peu profondes.

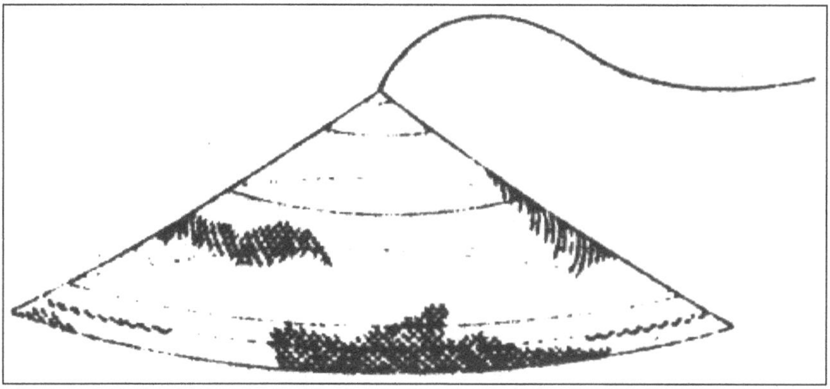

***Figure 2** : L'épervier*
Source : http/www.fao.org, consulté le 2 janvier 2022

- Filet portatif à crevettes. Un radeau est installé dans la zone des mangroves, son ombre attire les crevettes ; après un certain temps, le filet soulevé est passé sous le radeau.

Figure 3 : Filet portatif à crevettes
Source : http/www.fao.org, consulté le 02 janvier 2022

- Piège-barrage. Installés dans la zone de balancements des marées près des mangroves, ces barrages retiennent les poissons lorsque la mer descend : tilapias, mulets, mâchoirons, etc.

***Figure 4** : Barrage à nasses*
Source : http/www.fao.org, consulté le 2 janvier 2022

La pêche à la ligne est accessoirement pratiquée à Manoka. La ligne est un dispositif constitué d'une canne au bout de laquelle est attaché un fil. Au bout de ce fil de longueur variable, selon la profondeur, sont accrochés un ou plusieurs hameçons. On en distingue plusieurs formes :

- Les lignes à main appâtées de sardinelles permettent des captures de dorades, pagres, brochets moyens, bars, etc., et même des barracudas (brochets de mer). Cette forme est pratiquée de jour, entre octobre et mars.

- Les lignes calées au fond ou palangre de fond, appâtées de sardinelles ou d'ethmaloses sont utilisées pour la capture de poissons de grande taille : capitaines, carpes rouges, mâchoirons, bars. Embarquées dans une pirogue, les palangres auxquelles sont accrochés 300 à 500 hameçons sont mouillées nuitamment sur fond sableux.
- Lignes à canne avec dispositif de ferrage automatique. Ces lignes sont employées toute l'année dans la zone des mangroves pour la capture de carpes rouges, mâchoirons et daurades.

Au total, la pêche à pirogue ordinaire se fait à l'aide de plusieurs autres engins qui ont des usages spécifiques. Certains d'entre eux sont plus usuels sur les côtes camerounaises, notamment dans l'estuaire du Wouri. Tous ces engins et accessoires de pêche disent à la fois la multiplicité des approches de capture selon aussi la diversité des espèces halieutiques glanées dans le milieu aquatique de l'estuaire. Toutefois, les rendements aussi auraient pu être à la hauteur d'une demande chaque jour croissante, n'eût-été le caractère précaire de ces utilisateurs.

En dépit de ce que l'effet de compétition entre pêcheurs et la course au rendement qui les anime ont contribué à augmenter le nombre d'engins et accessoires par individu, la réponse sur le marché ne reflète pas les attentes.

Tableau 1 *: Densité d'engins de pêche par pêcheur*

	Nombre	Moyenne par pêcheur recensé
Pirogues	202	1,36
Filets	263	1,78
Lignes	617	4,17
Éperviers	1 004	6,78
Sennes	994	6,72
Pièges/Nasses	341	2,30

Source : Dimbo Ndama, 2019

Ces données, qui peuvent être relativisées, traduisent toutefois la tendance générale de la situation dans les îles Manoka. On peut cependant reconnaitre qu'il y a eu une augmentation significative du matériel de pêche par rapport au début des années 1960 (Laure, 1967) comme le montre le graphique comparatif ci-dessous (*cf.* figure 5).

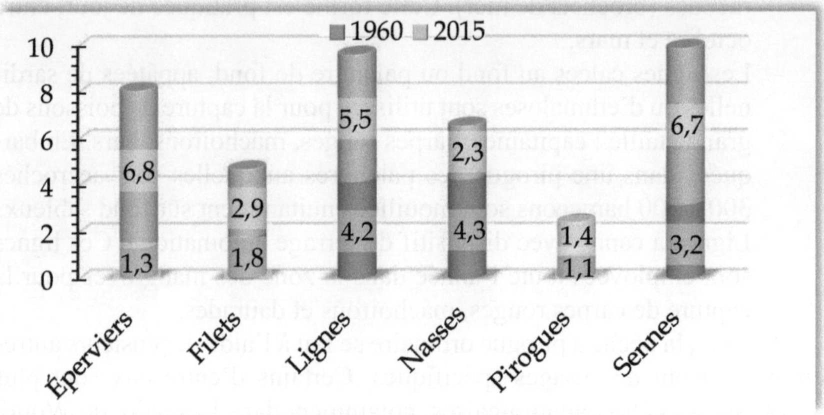

***Figure 5** : Barrage à nasses*
Source : Dimbo Ndama, 2019

D'une manière générale, la pratique de la pêche s'est affinée avec le temps dans les îles Manoka. Les pêcheurs ont augmenté leur capital logistique, sans doute pour faire face à la concurrence du marché et satisfaire une demande croissante. On peut alors remarquer un repli de l'usage de la nasse, qui s'explique par la disproportion entre ses rendements modiques et le prix élevé de l'effort physique souvent consenti. Il s'agit là d'une dépréciation des énergies qui peut être imputée au manque de formation des pêcheurs, peu prêts à la base pour affronter les défis d'un approvisionnement commercial.

2. Une pêche artisanale à faibles rendements

La pêche pratiquée à Manoka, telle que soulignée ci-dessus, est loin de se positionner sur la scène commerciale régionale au regard des approches et techniques mises en œuvre. Les quantifications faites à partir des captures quotidiennes de la première semaine de chaque mois, et une fois les trois dernières semaines du mois ont permis de faire la lumière sur une estimation moyenne individuelle puis globale de la production de pêche dans les îles Manoka. Tout ceci a été effectué à la lumière critique de travaux qui ont été menés sur la question. La figure suivante récapitule les moyennes mensuelles de captures au cours des cinq dernières années.

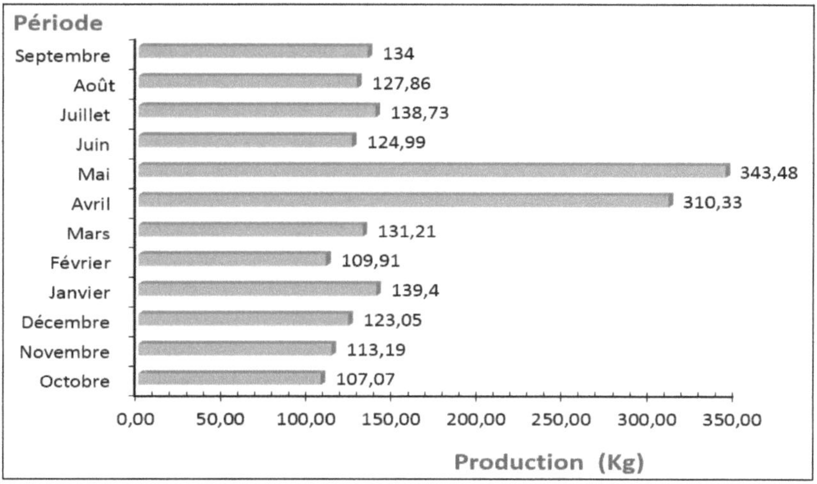

Figure 6 *: Moyenne des productions mensuelles par pirogue de pêche à Manoka (2014-2018)*
Source : Dimbo Ndama, 2018

Avec une moyenne mensuelle des captures estimée à 158,6 kg de poissons par pirogue, la production annuelle globale des 148 pêcheurs recensés de façon aléatoire est loin de répondre aux attentes exprimées par la société de consommation, sachant que le poisson est le principal produit dont se nourrissent les populations insulaires des îles. À supposer la consommation familiale journalière à 1,5 kg[15] sur les 5,29 kg de butin journalier, seuls 113,6 kg peuvent être destinés à la commercialisation au meilleur des cas. Ce record en lui-même (la moyenne) est dû à la floraison des deux mois de pêche (avril et mai). Au cours de ces mois, une pirogue peut ramener en moyenne de 327 kg de récolte contre une moyenne de 110 kg pour les mois d'octobre, novembre et février entendus comme la période de pêche morte. Le reste de la population, dans sa très grande majorité, ne peut être tenue pour un maillon fort de la chaîne de production en tant qu'elle est une catégorie réduite à une pêche familiale de subsistance.

Cette affiche terne de la pêche dans les îles Manoka n'augure pas les espoirs qu'on pourrait placer dans ce milieu qui est, par nature, voué à la

[15] Le poisson est la source essentielle de protéines animales pour les insulaires de Manoka. Les autres sources telles que la viande y est rare et ne peut être importée que de Douala. La très faible pratique agricole vient aussi conforter la résignation de ces populations pêcheuses à la seule consommation du poisson, produit de leur activité.

production halieutique. La nécessité de reconsidérer les approches serait une solution durable à l'accroissement de la production de poisson.

3. … Mais une production tournée vers l'extérieur

Les produits de pêche issus des eaux des îles Manoka ne nourrissent pas leurs producteurs. La misère des campements, les conditions de vie des populations et le niveau de développement du milieu en général l'attestent suffisamment.

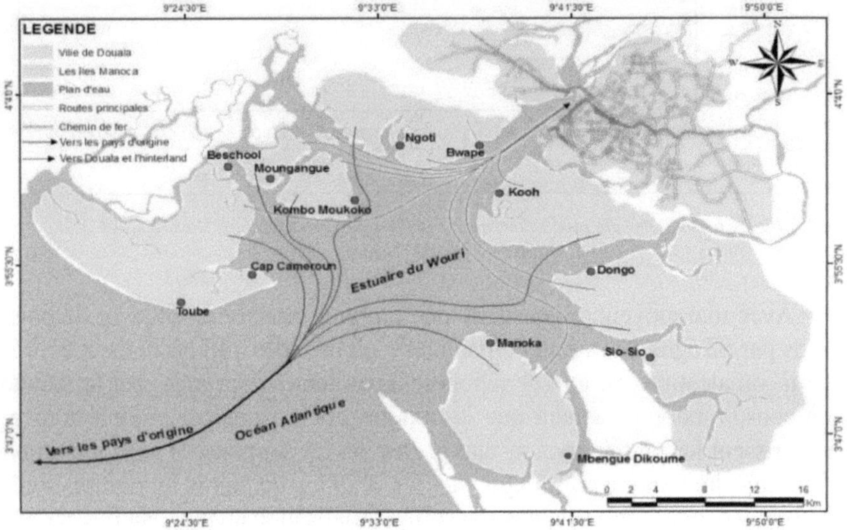

Carte 2 : Les destinations des produits de pêche des îles Manoka
Source : Dimbo Ndama, 2019

Pourtant, bien qu'encore artisanale, la pêche à Manoka suffirait à résorber la carence tout au moins sur le plan méso local (pour désigner la communauté urbaine à laquelle appartiennent les îles).

4. Une pêche soumise à une concurrence déloyale

L'estuaire du Wouri et son écosystème à mangrove constituent une zone de floraison de poisson au même titre que certaines autres espèces aquatiques.

La dilution de l'eau de mer salée avec l'eau douce fluviale fait de cet espace une niche d'incubation de poissons, de quoi appâter les butineurs de tous bords. La pêche pratiquée dans les îles Manoka aurait sans doute été bien rentable si ses acteurs n'étaient que des locaux. Or le milieu est aujourd'hui en proie à la surpêche du fait de l'auto-invitation d'acteurs étrangers, notamment les armateurs chinois qui sont dotés d'une logistique plus experte. L'activité chinoise revêt alors un caractère déloyal d'un double point de vue. Tout d'abord, ces acteurs se montrent très adroits en ce que la pêche, pour eux, est un métier qui exprime l'ensemble des connaissances acquises et des savoir-faire accumulés. Conquistadors des hautes mers, ils sont outillés et aguerris pour astiquer les eaux territoriales camerounaises de leur contenu de poisson, allant même jusqu'à la débarrasser des alevins.

Ce constat vient confirmer les résultats des recherches parues d'abord dans la revue spécialisée *Fish and Fisheries* puis reprises dans la revue scientifique *Nature.* Ils ont, par la suite, été relayés dans le quotidien *Le Monde* du 4 avril 2013 par Martine Valo, toute chose qui montre la gravité de la situation. Selon une étude internationale coordonnée par le célèbre biologiste Daniel Pauly, le pillage des mers par les bateaux de pêche chinois a pris des proportions gigantesques. Elle chiffre, pour la première fois, la mainmise chinoise sur une ressource halieutique en rapide déclin. Les conclusions sont sans appel : les navires de pêche chinois ont siphonné, loin de leurs côtes, entre 3,4 millions et 6,1 millions de tonnes de poissons par an entre 2000 et 2011.

Malheureusement, l'Afrique paie le plus lourd tribut. Elle constitue la première cible de la flotte chinoise. Cette dernière y prélève 3,1 millions de tonnes de poissons par an en moyenne, selon les chercheurs, soit 64 % de ses prises à l'étranger. Les côtes de l'ouest du continent, les plus pillées du monde, sont leur cible principale telle qu'en témoigne la figure 7 ci-après.

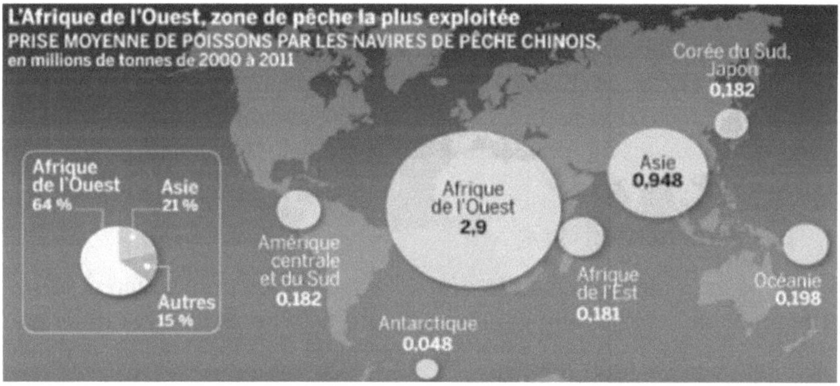

***Figure** 7 : La pêche chinoise dans le monde*
Source : Nature, Infographe Le Monde

Par Afrique de l'ouest, il faut comprendre l'ensemble du Golfe de Guinée allant de la Gambie jusqu'à l'Angola. La forte implantation de la flotte chinoise sur les côtes ouest-africaines atteste de la fertilité de ses eaux d'une part, mais elle trahit aussi la porosité des zones économiques exclusives des pays bordiers qui ne disposent peut-être pas d'assez de moyens de reconnaissance, de contrôle et de protection de leurs côtes. Les îles Manoka sont malheureusement concernées au premier degré.

La pratique de la pêche par les Chinois, une pratique pourtant déjà asphyxiante, vient s'ajouter à celles des Nigérians et autres ouest-africains. Bien que la logistique de ces derniers ne soit pas autant pointue et vorace que celle des Chinois, elle reste tout de même potentiellement concurrentielle à l'égard des pêcheurs camerounais. Chez les uns comme chez les autres, les produits de la pêche n'ont pas pour destination commerciale les marchés locaux camerounais. La quasi-majorité du poisson pêché dans le rayon territorial des îles Manoka est exportée vers les pays d'origine de ces pêcheurs étrangers (*cf.* carte 2), où la valeur marchande est plus importante du fait de la grandeur des marchés de consommation. Dès lors, des mesures stratégiques doivent être entreprises pour satisfaire le marché local.

II. La garantie d'une production industrielle de poisson

A. Quelques préalables essentiels à observer

La position des îles Manoka aux portes de l'estuaire du Wouri ainsi que leur ouverture sur l'étendue océanique les prédisposent à devenir un front pionnier en matière de pêche dans le secteur. Dans ce cas de figure, la générosité de la nature et la disponibilité de la matière première peuvent être considérées comme des acquis. Reste cependant à apprivoiser les savoirs et techniques qui permettront aux acteurs de renverser la courbe des rendements actuelle.

1. La formation

La pêche, pour être rentable, nécessite que ses acteurs acquièrent un minimum de savoirs spécifiques à ce secteur d'activité. Seulement, celle pratiquée jusqu'ici à Manoka est loin de répondre à ce préalable. Les rendements ne sont que le reflet d'une logistique, des techniques traditionnelles rudimentaires et des conformations héritées du passé, mais que le temps et les conjonctures n'ont pas pu changer. Les représentations que se font les populations de cette activité donnent à croire que le lieu de naissance ou les origines géographiques d'un sujet en font un expert dans un domaine d'activité spécifique. Voilà pourquoi, par exemple, les « gens de l'eau » s'auto-qualifient pêcheurs par essence, donc dispensables de toute formation. Sans toutefois imputer à la situation qui précède « l'inaptitude » des acteurs de la pêche dans les îles Manoka, il faut reconnaitre que les pouvoirs publics ont failli dans la vulgarisation de la formation en matière de pêche au Cameroun d'une manière générale. La structuration administrative de l'activité en dit long (*cf.* figure 8).

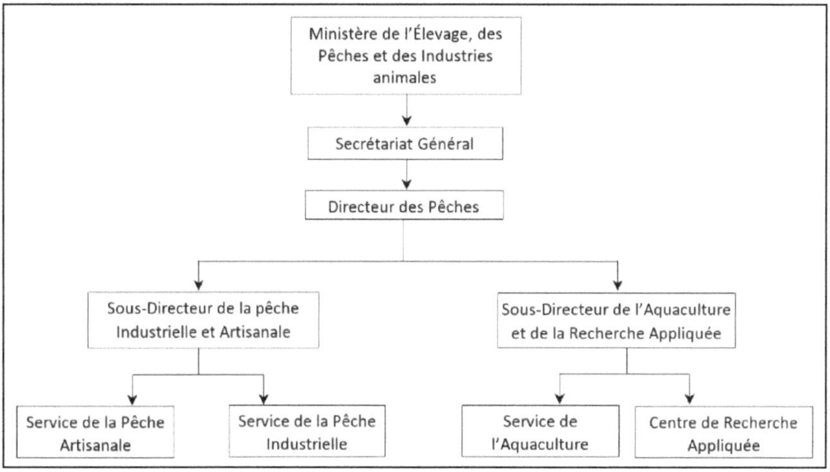

***Figure 8** : Organigramme du ministère de l'Élevage, des Pêches et des Industries animales*
Source : MINEPIA, 2019

La stratégie gouvernementale sur la question se limite à l'application du code de conduite pour une pêche responsable et à la mise en œuvre des mesures de gestion de l'activité. Elle ne propose aucun démembrement chargé de la formation en pratique de pêche. De la sorte, il faudra encore attendre des générations pour voir sortir des centres de formation nouvellement créés, à l'instar de l'Institut des Sciences halieutiques de l'Université de Douala, des produits finis de la formation universitaire pouvant relever les défis d'une production industrielle de poissons et satisfaire un marché de consommation toujours plus important. La nécessité de la création et de la multiplication des centres de formation à la pêche se fait impérieuse, en regard de la pression de la demande, mais surtout du fait de la dépendance du Cameroun dans le secteur.

2. La modernisation de l'équipement de pêche

Mises à part quelques compagnies de pêche industrielle opérant sur les eaux territoriales et dont le rayon d'action est réduit, plus de 95 % de la flotte présente dans la zone d'influence maritime camerounaise reste artisanale. Les engins déployés sur le plan d'eau sont, à l'image de la flotte, artisanaux (*cf.* figure 9 proposant les fréquences d'association de deux engins par les pêcheurs de Manoka).

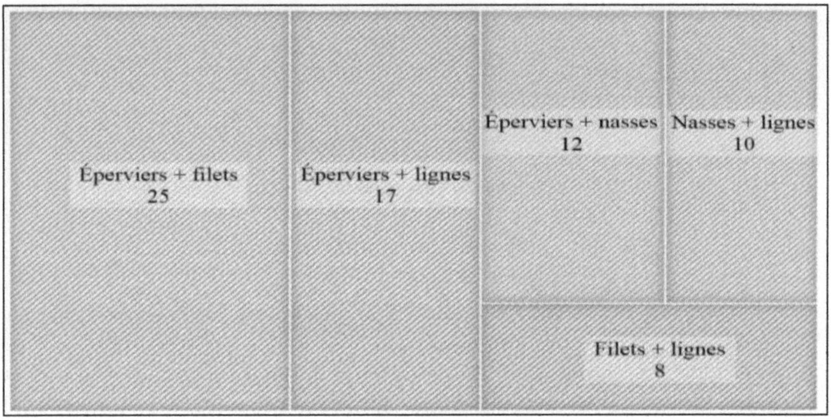

Figure 9 *: Les engins de pêche dans les îles Manoka*
Source : Dimbo Ndama, 2019

Quant à la production de ces compagnies, tout autant malingres, elle vise des destinataires précis : des personnes de la classe sociale élitaire ou des structures hôtelières et de restauration. L'inversion de cette tendance s'avère cruciale pour l'accroissement de la production de poissons à l'effet de massifier l'offre. Le passage de la pirogue monoxyle ou la pirogue en planches raccordées aux bateaux de pêche spécialisés tels que les chalutiers pourrait aider à relever ce défi. Il en va de même des engins de capture. Tandis que la pêche artisanale utilise des engins rudimentaires et de petites tailles tels que la nasse, la ligne ou l'épervier, il faudrait en envisager qui soient à grande capacité de prise, embarqués dans lesdits bateaux.

Pour sa part, le ministère de l'Économie, de la Planification et de l'Aménagement du Territoire a mentionné, dans son document de projets à besoin de financement, les principaux défis à relever dans le sous-secteur de l'élevage, des pêches et des industries animales. Il s'agit de la sécurité et de l'autosuffisance alimentaire, de l'accroissement des revenus des acteurs du milieu rural, de la création des emplois décents, et de la gestion durable des ressources naturelles. Pour y parvenir, le gouvernement s'est fixé comme objectifs d'accroître la production pastorale et halieutique en vue non seulement de satisfaire les besoins nutritionnels des populations et les besoins en matières premières des agro-industries, mais aussi de dégager des excédents pour l'exportation. Il sera question :

- D'appuyer le développement de la pêche maritime et continentale ;
- De promouvoir l'aquaculture commerciale et ;
- D'améliorer les services vétérinaires.

Au total, deux projets principaux ont été retenus : le projet de développement de la pisciculture commerciale et le projet de développement de la pêche industrielle. Pour ce dernier cas, le projet porte sur la construction de cinq Points de Débarquement Aménagés (PDA) dans les localités de Babassi, Ebodje, Limbé, Mouanko, Tiko. Chaque PDA comprendra :

- 01 bateau de pêche ;
- 01 unité de fabrication et d'entretiens des pirogues ;
- 01 chambre froide ;
- 01 fabrique de glace ;
- 01 bâtiment administratif.

Chaque PDA comportera une équipe de 100 pêcheurs. Bien que le projet ne réside encore que dans l'idée, il nourrit néanmoins déjà un intérêt ambitieux. Il est question d'accroître la production quantitative de poissons et de crevettes, ainsi que de moderniser les infrastructures de pêche encore artisanales qui affichent une précarité et une obsolescence notoire.

Il faut toutefois relever que le nombre de PDA, tel que l'ambitionne le projet de développement de la pêche industrielle du gouvernement, reste encore insignifiant pour que les rendements escomptés répondent à la double exigence d'autosuffisance alimentaire et d'exportation. Les îles Manoka qui disposent de nombreux atouts auraient dû bénéficier d'au moins deux PDA, dont l'un spécialisé dans la production de poissons et l'autre dans la production de crevettes[16].

---

[16] Il ne devrait échapper à la mémoire de personne que le *Rio dos camaroes*, l'emblématique « Rivière des crevettes » dont le Cameroun porte fièrement l'appellation est située dans les îles Manoka, au lieudit Cap Cameroun. C'est de là que provient l'essentiel des crevettes et écrevisses commercialisées par tout le pays et même au-delà.

3. Les mesures protectionnistes

Ce sont des garanties que doivent assurer les pouvoirs publics aux acteurs de la chaîne de production. En effet, chaque État bordier dispose d'une zone économique exclusive (ZEE) qui, d'après le droit de la mer, est un espace maritime sur lequel il exerce des droits souverains en matière d'exploitation et d'usage des ressources. Elle s'étend à partir de la ligne de base de l'État jusqu'à 200 milles marins (370,4 km) de ses côtes au maximum. L'article 56 de la Convention de Montego Bay dit en son alinéa 3 que l'État côtier « a juridiction en ce qui concerne la mise en place et l'utilisation d'îles artificielles, d'installations et d'ouvrages, la recherche scientifique marine, la protection et la préservation du milieu marin ». Or à l'observation, certains États font usage de leur puissante logistique marine pour conquérir les ZEE à travers le monde, asphyxiant ainsi les États à faible pouvoir logistique. C'est le cas de la Chine qui siphonne les eaux mondiales (*cf.* figure 7).

La garantie de l'industrialisation de la pêche dans les îles Manoka passe ainsi inéluctablement par la prise des mesures par l'État en vue de la protection des eaux camerounaises selon la Convention des Nations unies sur le droit de la mer. De la sorte, le Cameroun assurera un acquis d'au moins 150 000 km² de superficie de sa ZEE[17].

Discussion et conclusion

Les côtes camerounaises regorgent des richesses halieutiques considérables. Les communautés humaines qui les côtoient y pratiquent, depuis des dates historiques, la pêche dont les produits sont la principale source d'alimentation tant des pratiquants de l'activité, que des populations de la partie continentale du Cameroun. Cependant, la demande sans cesse croissante en produits de pêche et la dépendance du marché de consommation local vis-à-vis des importations ont rendu inopérantes les politiques de promotion de ce secteur. En outre, les techniques à l'usage ainsi que les moyens logistiques mis à contribution jusqu'ici relèvent d'un autre âge pour prétendre satisfaire le marché local et, dans une moindre mesure, relever les défis d'une déloyale concurrence. La pêche locale,

[17] Avec plus de 400 km de ligne de côte et une bande océanique de 340 km, l'espace maritime camerounais est suffisamment vaste pour que le pays entreprenne des projets de modernisation de sa pêche et d'industrialisation de sa production de poisson.

essentiellement artisanale, est fortement concurrencée par une pêche hauturière structurée, pourtant clandestine et monopolisée par des bâtiments étrangers. Leurs produits, autant que ceux issus de la pêche artisanale locale, elle-même dominée par les étrangers (Nigérians, Ghanéens et Maliens), prennent des destinations étrangères entravant ainsi l'approvisionnement du marché local. Il faudra dès lors compter sur des réformes et mesures qui pourront à terme promouvoir l'appropriation et la production locale de poissons. Elles passent par une structuration administrative intégrant en bonne place la formation et le développement des projets, l'industrialisation à travers la mise à disposition d'un armement compétitif. Le tout devra s'appuyer sur des infrastructures modernes au sol dont un véritable port de pêche, bien plus que de simples points de débarquement aménagés prévus. Au total, tout ceci n'aurait aucun impact si, en amont, l'État n'assure la protection de son espace vital maritime, seule garantie de l'industrialisation et du développement de la pêche au Cameroun.

Bibliographie

Boyer Albert, 1967. *Les pêches maritimes*, PUF, Coll. « Que Sais-Je ? », N° 199, 128 p.

Coppola Daniela, Lauritano Chiara, Palma Esposito Fortunato, Riccio Gennaro, Rizzo Carmen, De Pascale Donatella, 2021. "Fish waste: From problem to valuable resource", *Marine drugs*, Vol. 19, N°2, p. 116, connection on 08 June 2023, DOI: 10.3390/md19020116

Courlet Claude, 1989. « Les industrialisations endogènes », Revue Tiers-Monde, Tome XXX, N° 118, avril/juin, p. 413-421

Courlet Claude, Pecqueur Bernard, 1993. « Systèmes productifs localisés et industrialisation », p. 53-65, *in* Dupuy Claude, Gilly Jean-Pierre (dir.), *Industrie et territoires en France : dix ans de décentralisation*, La Documentation française, Paris, 216 p.

Courlet Claude, Pecqueur Bernard, Soulage Bernard, 1993. « Industrie et Dynamiques de territoires », *Revue d'Économie Industrielle*, N° 64, 2ème trimestre, p. 7-21

Finley Carmel, 2016. "The industrialization of commercial fishing, 1930–2016", *In Oxford Research Encyclopedia of Environmental Science*, connection on 08 June 2023, DOI: 10.1093/acrefore/9780199389414.013.31

Knockaert Camille, 1995. *Le fumage du poisson*, Ifremer, Coll. « Valorisation des produits de la mer », Brest, 174 p.

Le Pichon Xavier, Pautot Guy, 1976. *Le fond des océans*, PUF, Coll. « Que Sais-Je ? », N° 621, 127 p.

Le Sann Alain et *al.*, 1986. *La pirogue et le chalutier*, CCFD SOLAGRAL, Tome 1, 117 p.

Mbaha Joseph Pascal, Ba'ana Etoundi Marie-Louise, 2021. « Et demain Kribi : Construire une ville portuaire stratégique et émergente à l'horizon 2035 », *Espace Géographique & Société Marocaine*, N° 43-44, p. 137-156, consulté le 08 juin 2023, DOI : https://doi.org/10.34874/IMIST.PRSM/EGSM/24572

Mbock Nemba Audry Constant, De La Croix Kévin, Tomedi-Tabi Eyango Minette, David Gilbert, 2022. « À la rencontre des espaces halieutiques sur le littoral camerounais : comparaison entre les régions Littoral et Sud côtier », *in Annales de géographie*, Vol. 2, N° 744, p. 90-116, consulté le 08 juin 2023, DOI : https://doi.org/10.3917/ag.744.0090

Nicolle Jean-Pierre, 1978. « Technologie du fumage - Application au saumon », Rapp. Il/st. Pêches marit., Ifremer, 278 p.

Noel Julien, Koulaï Edith, 2015. « Les dynamiques spatiales des activités halieutiques maritimes », *Géographie des mers et des océans :* Capes-Agrégation : Histoire-Géographie/sous la direction de Nicolas Escach ; [ouvrage coordonné par Sami Cherif, Camille Parrain], Dunod, p. 155-181

Nonn Henri, 1972. *Géographie des littoraux*, PUF, Coll. « S.U.P. », Vol. 18, 238 p.

Way forward for an equitable and sustainable partnership between oil palm smallholders and agro-industries in Cameroon

Nkongho Raymond Ndip
University of Buea
nrndip@yahoo.com

Patrice Levang
IRD, Université Montpellier 3
patrice.levang@ird.fr

The primary production systems for the oil palm sector in Cameroon at the moment are the smallholder systems and agro-industrial systems respectively. The contract or partnership or out grower systems of production at present is limited to marketing contracts decided by agro-industries for the purchase of FFB (fresh fruit bunches) from smallholders. The only contract scheme currently ongoing is a private scheme between SOCAPALM Eseka and oil palm smallholders grouped in cooperative.

Historically, before independence and reunification, the main production systems were agroindustry under monoculture cropping system and smallholders who cultivated oil palm with the use of native dura cultivar, either through spontaneous sprouting of seedlings under natural conditions, in mostly agroforestry cropping system or throughput minor land preparation and seeding in monoculture cropping system with very limited utilization of best agronomic practices (Nkongho et *al*., 2015).

It is only during the FONADER years (National Fund for Rural Development), sponsored nucleus estate and plasma out grower scheme (1978-1990) that we see smallholder farmers/farm plots, especially those within a given radius from the company industrial mills, benefitting from quality planting materials, credits (mostly in-kind), technical and managerial capacity, as well as a ready market. This bolstered the yields/production at the farm level as well as income levels for farmers. But this does not mean that all about this national/public scheme was perfect. The scheme also had its own flaws.

After the collapse of the FONADER sponsored scheme, the government has tried to revamp the smallholder sector in many ways: the government created the national agricultural extension program with limited assistance to oil palm smallholders, and a department for oil palm smallholders in the Ministry of Agriculture and Rural Development to work in close collaboration with UNEXPALM (a union of palm oil producers), for the interest of oil palm smallholders. The sector is still poorly developed in terms of palm oil production basins covered, in numbers of smallholders involved, and in the magnitude of the support offered. The absence of field extension workers is a major hindrance to the development of the projects (Nkongho et *al.*, 2015). The collapse of the FONADER scheme also led to the emergence of a strong independent palm oil producers' sector, generalized artisanal milling and an increasing level of theft of FFB from agro-industrial plantations (Ndjogui et *al.*, 2014; Nkongho et *al.*, 2014, 2015). The smallholders of today as compared to their counterparts during the FONADER scheme encounter a plethora of problems: little access to credit from banks, little access to quality planting material, limited access to inputs, little knowledge on best plantation management practices, and a very limited organization of the sector (Nkongho et *al.*, 2014).

If we have to compare the oil palm sector in Africa and Southeast Asia, we see that Indonesia and Malaysia alone account for more than ¾ of the world total production for crude palm oil with about 40% of it coming from the smallholder sector (both independent and contract smallholders). This implies that a major part of the out grower schemes that were put in place in the past/innovations at present have significantly improved smallholder production and income levels, especially for those schemes that were well managed.

In recent years, that is to say from 2010 to present, due to a bigger market for CPO and with stringent certification measures currently on the 'neck' of companies in major producing countries, we see many companies from Southeast Asia and other parts of the world expressing their interest in Africa in general and Cameroon in particular, to develop oil palm companies. Should we allow them to develop a classical nucleus estate model, while smallholders continue to operate in parallel with these companies? No, smallholders will be easily marginalized by these companies, because these farmers are not as competitive as these companies and this can result in social crises, land tenure conflicts, increased forest conversion, habitat destruction for wildlife and increased pollution from industrial mills (Hoyle, Levang, 2012).

It is within this backdrop that this research encourages partnerships between agro-industries and oil palm smallholders. Partnership, in a nutshell, will reduce pressure on the forest, conflicts between agro-industrial companies with the local and indigenous population, as well as harnessing the relative advantages of both smallholder and agro-industrial production systems together. Thus, the putting in place of an equitable, reliable and sustainable model for oil palm development is of utmost importance.

The research question is: "Which model can be developed to foster a win-win, reliable and sustainable partnership between agro-industries and oil palm smallholders in Cameroon?" To answer this question, we put forth the hypothesis that "the best model that will help capture the pillars of sustainable agriculture (i.e. environmentally friendly, socially acceptable and economically viable) is the nucleus estate and plasma model or the centralize model of out grower scheme".

The study looks at the way forward for an equitable and sustainable partnership between agro-industries and oil palm smallholders in Cameroon. It attributes reasons why smallholders and agro-industries have to enter a partnership, and also why the government has to support or provide a conducive environment for the functioning of these partnerships and how social and environmental NGOs should support these partnerships. It also provides information on how the partnership should be organized; the main and supporting institutions to be involved in the partnership, scheme mechanism, pitfalls to be avoided, primary and secondary conditions absolutely vital to the smooth functioning of the scheme, as well as the planning of operations.

The various sections of this perspective are the result of knowledge gathered from case studies of the pros and cons of the FONADER scheme, the Afriland First Bank sponsored scheme in Cameroon, the FELDA (Federal Land Development Authority) scheme of Malaysia, the PIR (Nucleus Estate and Smallholder Plantations) and KKPA (Primary Cooperative Credit for Members) scheme in Indonesia, and from other schemes reviewed from literature[18]. The bids and pieces of the positive sides of these schemes were used to develop the scheme in this current book chapter.

Three out of the five agro-ecological zones in Cameroon have favourable biophysical conditions for oil palm production. The three agro-ecological zones include the humid forest zone with mono-modal rainfall pattern (Zone IV), the humid forest zone with bimodal rainfall pattern (Zone V), as well as the Western savannah zone (Zone III). Two of these zones harbour all the agro-industrial plantations and the three zones harbour almost all the smallholder plantations in the Southern part of the Country. The remaining two zones, located in the Northern region of Cameroon, are limited in poor pedo/edaphic/climatic conditions. The distribution of group SOCAPALM, CDC and PAMOL is shown in Map 1.

The number of smallholder farmers and the share of farm holdings in the hands of these farmers are currently a matter of estimate. A study that we carried out in 2014, showed that out of the 190,000 ha of plantation surface areas in Cameroon, 2/3 of the farm holdings are in the hands of these farmers and 1/3 in the hands of agro-industries. Out of a total 230,000 tons of CPO produced, ½ came from the farmers' plots and ½ from agro-industrial plots. The yields of smallholder plantations are very low but the surface areas of farm holdings are bigger than that of agro-industries. It shows that just with an improvement in plantation yields for smallholder plantations, we can address to an extent the yield gap current faced and reduce the importation of CPO from major producing countries.

At the moment, we have a majority of independent farmers who have single-handedly developed and managed their plantations with little external support. Current contracts with agro-industries are marketing contracts with little incentives to farmers. That is why in our book chapter we stress the need for an out grower scheme that captures the plantation, processing and marketing of the CPO, together with win-win, equitable and sustained benefit for the stakeholders involved.

[18] Massard, 1987; Ghee, Dorall, 1992; Adnan, Yentirizal, 2007; USAID/Programa MIDAS/FEDEPALMA/SNV/ALIANZA, 2010; Gillespie, 2010; McCarthy, 2010; Rival, Levang, 2013; Ndjogui et *al.*, 2014; Nkongho et *al.*, 2015

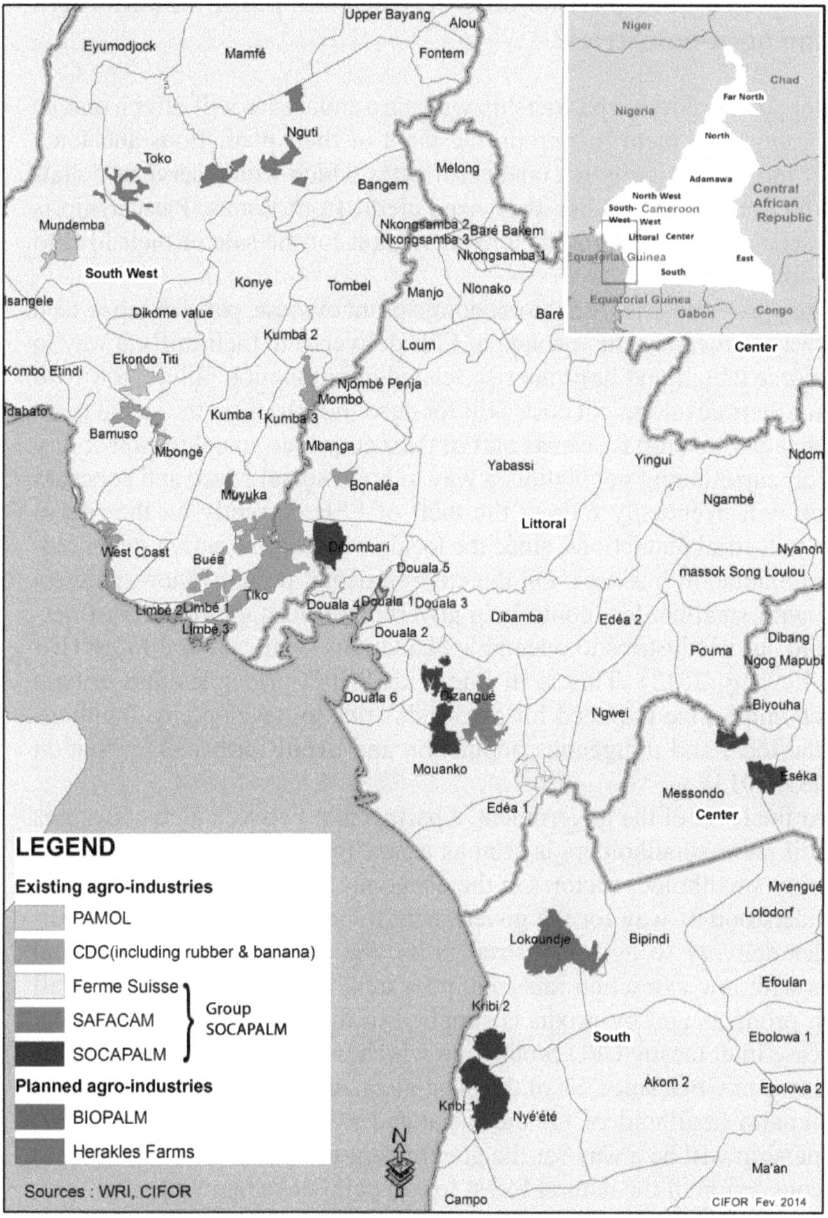

***Map 1**: Location of agro-industrial oil palm companies in Cameroon*
Source: Nkongho et al., 2015

I. Why promote partnership between oil palm smallholders and agro-industries?

For smallholders, a partnership with agro-industries will offer a unique opportunity for them to step up the yield of their plantations and fetch better income, to easily get land certificates which would serve as collateral for smallholders when they need credit from Banks. Partnership is also seen as a way to provide a ready market for the sale of their FFB to agro-industrial mills.

For agro-industries, on the economic point of view, partnership is seen as a way to increase the tonnage of FFB delivered to their mills, a way to outsource labour and limit the risk related to production failure, a way to reduce their development cost. Still for agro-industries on the social point of view, partnership is seen as part of their corporate social responsibility to their surrounding population, a way to build social peace and cohesion which will eventually redress the theft of FFB currently on the rise in agro-industrial plantations, since the locals will become active stakeholders in plantation business. On the environmental point of view, partnership with smallholders could help government limit the number of permits to agro-industries to open new plantations on the natural forest (Rival, Levang, 2013). This is in line with RSPO principles and criteria which emphasize the need for agro-industries to develop smallholdings for the local and indigenous population and avoid further deforestation (RSPO, 2013).

At the level of the government, a partnership between agro-industries and oil palm smallholders is seen as a way to fight poverty and build a stronger smallholder sector. On the economic point of view, partnership is understood as way for the government to collect taxes through smallholder delivery to agro-industrial mills, the abandonment of artisanal mills with low extraction rates and poor quality oil, the utilization of all main products and by-products supplied to the industrial mills, and the increase in domestic CPO production which will eventually limit the importation of CPO, since 2/3 of the plantation surface areas are in the hands of oil palm smallholders. On the social and environmental point of view, partnership will be a way for the government to fight fruit theft and limit the conversion of the natural forest for oil palm development.

On the part of the environmental and social NGO's, partnership is a way of enforcing social cohesion, fighting poverty and reducing the negative impact that arises from oil palm development on the environment.

II. The next question of interest is how should the partnership be organized?

This will involve main and support institutions, together with their responsibilities. For the main institution, we have the following:

- Government: the government should be a facilitator and regulator of the partnership under favourable conditions. This should be seen in the modalities for the selection of scheme participants, in facilitating access to land/land titles for both agro-industry and local beneficiaries of the project, in the selection of private banks to provide credit at affordable interest rates, scheme development cost, contract elaboration, subsidizing the cost of inputs either by reducing taxation on the imported inputs or by avoiding that a single firm monopolizes the importation of inputs, the maintenance of major roads for easy outflow of products to big market.
- Agro-industries: the agro-industry should create a department in charge of smallholders and this entity should be separated from estate management. It should have its own budget, personnel, transportation logistics and "heavy" equipment if possible. The agro-industry through its smallholder department should prepare the land, plant and manage the plantation for the smallholders until total credit has been reimbursed. Provide managerial and technical capacity building for best plantation management practices to smallholders. Assist the smallholder cooperative with the help of government to facilitate the elaboration of a land certificate for the smallholders. Create a ready market for fresh fruit bunches coming from smallholder plantations. The pricing of these FFB should consider not only the CPO but also other products like the PKO and by-products like FFB, fibre, shell, kernel cake and POME, etc.
- Oil palm smallholders: the smallholders should group themselves in cooperatives and elect members into key positions of responsibilities. This will help to ease the working relation between smallholders and the agro-industries. The cooperative works hand in hand with the agro-industrial unit in charge of smallholders and assumes total control of *plasma* management after total credit reimbursement, with technical assistance from the agro-industry. All the bunches from the plasma plantations are supplied to the agro-industrial mill. Payments for smallholder FFB should be endorsed

by the cooperative management and the smallholder department of the agro-industry.

- Bank: Facilitate access to credit for smallholders through agro-industry/smallholder cooperative. Collect land certificates for smallholders plot as collateral until total credit has been repaid. Use agro-industry/smallholder cooperative as "security" in case smallholders don't repay their credit.

Meanwhile for support institutions, we have:

- Research institutions: Produce and make available quality/certified planting material to agro-industries and smallholder cooperative. Make available data on ways to combat major pests and diseases in oil palm plantations. Recommend fertilizer types and rates depending on the age of oil palm and agro-ecological conditions for optimal production. Recommend best management practices in oil palm plantations with little threat to the environment.
- Companies that sell inputs: Make available and on time, fertilizers, herbicides and pesticides at affordable prices, together with equipment used for their application.
- Independent transporters: This includes transporters for FFB, CPO and related products.
- Wholesalers and retailers of CPO and related products: This includes those who buy and sell CPO and related products to downstream or second transformation industries, as well as consumers.
- Downstream companies: These include companies that make use of CPO, PKO for the production of refined palm oil, soap, and other related products.
- Local councils: Contribute to the maintenance of major roads and bridges and help in the collection of taxes.
- Social and environmental NGO's: Assist in the implementation of social and environmental impact assessment (SEIA) of new plantations for both agro-industry and oil palm smallholders. Assist in the elaboration of free, prior and informed consent (FPIC) between agro-industry and local population in areas where oil palm plantations are supposed to be developed. Reinforce the capacity of both the company management and smallholder cooperative/smallholders on sustainable environmental practices. Assist in the elaboration, monitoring and evaluation of field implementation of the contract binding agro-industry and smallholder cooperative.

A legalized contract is needed that stipulates the individual and joint responsibilities of each stakeholder in the partnership. The development of this contract should involve all the stakeholders with the use of an independent consulting firm.

The mechanism of the scheme should be such that the scheme development committee comes up with a budget for the development and maintenance of the scheme during its immature period. This budget should be endorsed by the government, following the free market condition of the period, with some degree of flexibility in case of any eventuality. This money should be borrowed by the cooperative, but the money should not enter the cooperative account. It goes directly into the account of the company. The company should work hand-in-hand with cooperative management to facilitate the establishment of land certificates for beneficiaries of the scheme, with the help of the competent government departments. When these land certificates are established, they should be handed to the bank that granted the loan, to serve as collateral, until the credit has been repaid. The company on its part is supposed to set aside some funds to complement the timely repayment of the credit.

A= Credit for development and maintenance of oil palm plantation during immature period

B= Interest rate

Total credit = A+B/100(A)

Given that the duration of repayment as stipulated by the bank is after 4 years when the palms must have started producing, with a 6-year repayment schedule. This implies repayment per year= (A+B/100(A)) × % based on age of palm, while monthly repayment of credit = ((A+B/100(A)) × % based on age of palm) × (% based on the month of the year).

In deductions from income of FFB supplied from smallholder plantations, priority should be given first for the re-imbursement of the credit, secondly the estimated field operational cost for that month, thirdly should be money to pay cooperative management together with any deductions that has to do with the cooperative operational cost and lastly, the leftover is handed to the farmer.

The company uses its technical know-how to develop plasma plantations for smallholders with quality planting materials purchased from research institutions. The company manages this plantation during the immature period before the palms starts producing. When the palms start producing, the company continues to manage smallholder plantations and relinquishes powers progressively to the cooperative through capacity building of cooperative management. When the credit has been completely reimbursed, the management of plasma plantations is handed over to the cooperative, but the company will still be there to provide technical supervision on the activities of the cooperative.

Concerning pitfalls to be avoided; for the block system of plasma management, it is not advisable for farmers to know the location of their plots. This is important to avoid that they sell the plots to third parties even before they start reaping the benefits from their palms. The share system of scheme management can be implemented where farmers are not attributed individual plots until the total credit has been repaid. They get dividends based on the plot area surrendered for the scheme and get paid on-field operations performed. Farmers can be attributed plots when their credits are completely reimbursed. At this stage the production from the palms would have been very encouraging and farmers will no longer be tempted to sell their plots.

In order for the scheme to succeed, the cooperative should be managed as an independent entity with no collusion with the officials of the smallholder department in the company. Constant dialogue between company and cooperative management and between cooperative management and the farmers is needed in a transparent and corruption-free environment.

The sale of FFB to artisanal mills and to smallholders who have completed the repayment of their credit can be avoided through favourable pricing of FFB plus the attribution of bonuses and premium for quantity and quality of FFB by the committee responsible for this pricing on a monthly basis. The prompt payment of farmers, the maintenance of plantation roads and the provision of logistics for the timely evacuation of FFB immediately after harvest in order to prevent weight loss must be implemented.

With respect to some conditions that must be taken into consideration for the success of a win-win, reliable and sustainable partnership, we divided this part into primary and secondary conditions. The primary conditions are those which are absolutely vital to the smooth functioning of the scheme, while the secondary conditions also have an influence on the scheme, but this influence is not as 'heavy' as the primary conditions (Djouma et *al.*, 2014; Nkongho et *al.*, 2015).

These primary conditions include:

- the need for a strong political will by the government to regulate the sector;
- the need for transparency at all levels of the partnership;

- the putting in place of a committee with duty to elaborate and legalize the contract binding smallholders and agro-industries, scheme development and management, credit establishment and reimbursement modalities, monitoring and evaluation of the scheme, regular FFB price setting taken into cognizance the demand of CPO;
- selection of participants to be part of the scheme with priority given to the poor, youths, single women and widows and most especially persons with ancestral claims to the land use for the development of agro-industrial plantations;
- the need for independent auditors to constantly evaluate the accounts of the cooperative and the smallholder department of the company;
- managerial and technical capacity building from agro-industries and other relevant institutions to the cooperatives and subsequently to the farmers;
- the need for agro-industries to create a department to work with smallholders;
- the setting up of a viable cooperative with elected members;
- the need for the cooperative to own shares in the agro-industrial mill;
- the yield of *plasma* plantations should be attractive enough;
- rehabilitation of agro-industrial mills;
- regular road maintenance;
- availability of labour.

Meanwhile, the secondary conditions include:

- land selection for oil palm development;
- the surface area per smallholder for the formation of a cooperative;
- attribution of ownership to oil palm plots when the credit has already been repaid;
- representation of cooperative in company board of directors' meetings;
- assets and income levels of farmers should be high;
- the avoidance of land conflicts with priority given to native-local population to be part of the scheme;
- deduction of compensation for cooperative management;
- ffb theft control for both agro-industrial and smallholder plantations;
- replanting savings;

– development of downstream industries to add more value to the primary product;
– premium and bonuses for the quality and quantity of bunches delivered respectively.

With respect to the planning of operations, the following points are necessary to consider in order to meet up with datelines: company will definitely need an operational license from the government; an environmental and social impact assessment is needed for the success of the project; socialization with the local and indigenous communities who lay customary claims to land; selection of scheme beneficiaries; election of cooperative management from selected beneficiaries; development of a legal contract to bind the selected beneficiaries and the agro-industry by an independent consultancy firm, involving both stakeholders; summation of scheme development and maintenance cost at immaturity by scheme development committee; endorsement of scheme development and maintenance cost at immaturity plus interest rate by the government; collection of loan by cooperative and putting on the company's account; scheme development and maintenance during immaturity by company; commencement of loan repayment as soon as palms start producing after 4 years. This repayment is done for 6 years (i.e. until the 10th year); partitioning of plots to scheme beneficiaries in the presence of relevant government departments; handing over of plasma management to cooperative after total credit repayment is completed, but then the company will have to provide technical advice to cooperative management.

Conclusion

The various partnership schemes supported by the different Governments are a laudable initiative to fight poverty for the rural masses through the involvement of agro-industries/institutions with much experience in the oil palm sector. For such initiatives to succeed, there is need for a strong political will from the Governments, companies, cooperatives and other stakeholders. All must be willing and able to work hand in hand, in a transparent and corruption-free manner in order to make sure that contracts and agreements jointly developed, legalized, are duly respected. There is also a need for transparent/corruption-free measures to be enforced at the level of the company's activities with the cooperative and vice versa, and at the level of the cooperative activities with the farmers and vice versa. Monitoring and evaluation committees must be set up by Governments and should also include civil society organizations, conservation and social NGOs and other stakeholders. Such committees will be in charge of constantly overseeing the activities of the company and the farmers, in order to avoid future problems between both parties. This political will should be translated in the selection of beneficiaries for the scheme where priority should be given to the poorer layers in the society. The credit necessary for scheme development, interest rates stipulated by the bank, reimbursement modalities, the individual and joint obligations of the contract binding the smallholders and the agro-industries are all important ingredients necessary for the success of any scheme. A win-win and equitable partnership will lead to sustainability in income levels for the beneficiaries, generate employment opportunities and fight poverty, provided production levels and market prices for FFB are high and deduction levels are moderate for the farmers. When company officials work hand-in-hand with the local population by developing and jointly managing *plasma* plantations with them, locals will feel involved in the company's business. This, to an extent, will reduce the number of conflicts registered between locals and company. Conflicts usually happen when land in which the local population claims customary rights is ceded to agro-industries without prior socialization between them. Another positive side for partnership is that it could result in a reduction in further conversion of the forest for oil palm development. When companies get part of their production from smallholder plots, this may limit their ambition to open more forest to cultivate oil palm. Most often, the locals utilize land that was already deforested before the coming of the agro-industry. In Cameroon, the presence of the artisanal milling sector and the domestic market for the sale of red palm oil makes one to believe that the road to partnership is not a bed of roses. Thus there is a strong need for appropriate regulations and proper oversight in order to ensure equitability and sustainability in the partnership.

Recommendations

The government needs to provide the regulatory environment that will favour partnership between agro-industries and smallholders. This regulatory environment should be seen at the level of the hiring of a facilitator and the creation of a committee to oversee contract elaboration, scheme conception, scheme establishment, monitoring and evaluation, etc. The cost of inputs, the price of FFB to agro-industries and CPO to downstream industries should also be regularly fixed by this committee following the domestic and international market price.

The need for win-win, equitable and sustainable partnership scheme between agro-industries and oil palm smallholders within an economic distance from industrial mills. These smallholders should unite themselves in the form of cooperative to work with their agro-industrial counterpart. The uniting of smallholders into cooperative will improve on their bargaining power with agro-industries, facilitate dissemination of information to farmers and agro-industries, transportation logistics, purchase and application of inputs, technical and managerial capacity, etc.

Smallholders should also be shareholders in agro-industrial mills in order to benefit not only from the FFB price but also from the profit of CPO sales.

For smallholders not at an economic distance to industrial mills, these farmers are encouraged to form a cooperative. This body should assist farmers at the farmland through the purchase and utilization of quality planting materials, inputs at affordable rates, managerial and technical capacity, and the provision of refundable loans to farmers at better interest rates. At the processing level, farmers should benefit from processing facilities with better capacity and higher extraction rates. At the level of marketing, farmers should be able to bargain with the buyer, the price they would like to sell their CPO. If, on the other hand, the market situation is not good for farmers, better storage facilities should be made available that can shelve the CPO for longer periods without deteriorating the quality.

Partnership can also help to build social cohesion, thus reducing theft of FFB in agro-industrial plantations and reduce forest and environmental degradation, since the government can use this method as a way to limit the number of permits attributed to agro-industries for them open more plantations on forested land.

There is need to study different cropping systems that can be put in place in out-grower schemes in order to prevent food insecurity that may emanate from dominantly monoculture cropping systems.

There is need for transparency, constant dialogue, corruption-free practices, and trust as necessary 'ingredients' for the success in the operations of the different stakeholders in the scheme.

Acknowledgements: We are thankful to CIFOR, for funding this work during the SPOP project.

Bibliography

Abazue Chukwuka M., Choy Er Ah, Lydon Novel, 2019. "Oil palm smallholders and certification: exploring the knowledge level of independent oil palm smallholders to certification", *Journal of Bioscience and Agriculture Research*, Vol. 19, Issue 01, p. 1589-1596

Adnan Hasantoha, Yentirizal, 2007. "Blessing or Misfortune?: Locals, Transmigrants and Collective Action", Governance Brief, No. 36, CIFOR, Bogor, Indonesia 11p., connection on 08 April 2022, DOI: https://doi.org/10.17528/cifor/002273

Djouma Sadou Haman, Feintrenie Laurène, Levang Patrice, Nji Ajaga, 2018. "Co-designing win-win partnerships between agroindustries and smallholders in the palm oil sector in Cameroon", *Biotechnologie, Agronomie, Société et Environnement*, Vol. 22, Issue 3, p. 136-151, connection on 08 June 2023, DOI: https://doi.org/10.25518/1780-4507.16522.

Djouma Sadou Haman, Nkongho Raymond Ndip, Ndjogui Thomas Éric, Feintrenie Laurène, Levang Patrice, 2014. "Participatory Prospective Analysis Workshops On Partnerships In The Oil Palm Sector: Center and Southwest Regions of Cameroon", CIFOR/CIRAD/IRD/INRA, 104 p.

Feintrenie Laurène, Roda Jean-Marc, Rival Alain, 2016. "Industrial investments in agriculture in Central Africa. Establishing the conditions for sustainability and equity", CIRAD, Perspective 37, p. 1-4, connection on 08 June 2023, DOI: https://doi.org/10.19182/agritrop/00016

Ghee Lim Teck, Dorall Richard, 1992. "Contract farming in Malaysia: with special reference to FELDA Land Schemes", p. 71-118, *in* Glover David, Ghee Lim Teck (eds), *Contract farming in Southeast Asia. Three Country studies*, Institute of advance studies, University of Malaya, Kuala Lumpur, 176 p.

Gillespie Piers Arnold, 2010. "Politics, power and participation: a political economy of oil palm in the Sanggau District of West Kalimantan", Ph.D Thesis, Australian National University, 400 p., connection on 08 April 2022, URL: http://hdl.handle.net/1885/150653, DOI: 10.25911/5d5e746004bbe

Hoyle David, Levang Patrice, 2012. "Oil palm Development in Cameroon", An ad hoc working paper, WWF, IRD/CIFOR, Yaoundé, 16 p.

Massard Josiane, 1987. « Développement rural et société : les colons FELDA en Malaisie », p. 191-209, *in* Antheaume Benoît, Blanc-Pamard Chantal, Diallo Yveline, Lassailly-Jacob Véronique (eds), *Le développement rural : comprendre pour agir*, éd. de l'ORSTOM, 344 p.

McCarthy John F., 2010. "Processes of inclusion and adverse incorporation: oil palm and agrarian change in Sumatra, Indonesia", *The Journal of Peasant Studies*, Vol. 37, No. 4, p. 821-850, connection on 08 April 2022, DOI: https://doi.org/10.1080/03066150.2010.512460

Ndjogui Thomas Éric, Nkongho Raymond Ndip, Rafflegeau Sylvain, Feintrenie Laurène, Levang Patrice, 2014. « Historique du secteur palmier à huile au Cameroun », Document occasionnel 109, CIFOR, Bogor, Indonésie, 67 p.

Nkongho Raymond Ndip, Feintrenie Laurène, Levang Patrice, 2014. "Strengths and weaknesses of the smallholder oil palm sector in Cameroon", *OCL, Oilseeds and Fats, Crops and Lipids*, Vol. 21, No. 2, D208, 9 p.

Nkongho Raymond Ndip, Nchanji Yvonne K., Tataw Ofundem, Levang Patrice, 2014. "Less oil but more money! Artisanal palm oil milling in Cameroon", *African Journal of Agricultural Research*, Vol. 9, No. 20, p. 1586-1596, connection on 08 April 2022, DOI: https://doi.org/10.5897/AJAR2013.7533

Nkongho Raymond Ndip, Ndjogui Thomas Éric, Levang Patrice, 2015. "History of partnership between agro-industries and oil palm smallholders in Cameroon", *OCL*, Vol. 22, No. 3, connection on 08 April 2022, DOI: https://doi.org/10.1051/ocl/2015005

Rival Alain, Levang Patrice, 2013. *La palme des controverses. Palmier à huile et enjeux de développement*, IRD Éditions/Quae, Coll. « Hors collection », 100 p.

Ros-Tonen Mirjam AF, Bitzer Verena, Laven Anna, De Leth David Ollivier, Van Leynseele Yves, Vos Andrea, 2019. "Conceptualizing inclusiveness of smallholder value chain integration", *Current Opinion in Environmental Sustainability*, Vol. 41, p. 10-17, connection on 08 June 2023, DOI: https://doi.org/10.1016/j.cosust.2019.08.006

Roundtable on Sustainable Palm Oil (RSPO), 2013. "Principles and Criteria for the Production of Sustainable Palm Oil", Endorsed by the RSPO Executive Board and Accepted at the Extraordinary General Assembly by RSPO Members on April 25th 2013, 70 p.

Suhada Thontowi A., Bagja Bukti, Saleh Shofia, 2018. "Smallholder farmers are key to making the palm oil industry sustainable", *World Resources Institute*, connection on 08 June 2023, URL: https://www.wri.org/insights/smallholder-farmers-are-key-making-palm-oil-industry-sustainable.

USAID/Programa MIDAS/FEDEPALMA/SNV/ALIANZA, 2010. "De Las Alianzas Productivas a los Negocios Inclusivos. Guía de Mejores Prácticas para la implementación de Negocios Inclusivos en palma de aceite", Mother Impresores, Colombia, 24 p.

Quelle place le Plan Directeur d'Industrialisation (PDI) du Cameroun de 2017 a-t-il réservée à la redynamisation du secteur agricole ?

Joseph Gabriel Elong
Université de Douala
gelongue49@gmail.com

L'engagement du Cameroun à devenir un pays émergent en 2035 est le socle sur lequel repose le Plan Directeur d'Industrialisation (PDI) élaboré en 2015 et validé par les pouvoirs publics en 2017. Mais avant cette validation, le pays s'était déjà doté de cet outil d'orientation de l'implémentation des activités industrielles en 1982 et approuvé en 1989. Malheureusement, sa mise en œuvre n'a pas pu être effective à cause des effets pervers de la crise économique qui ont durement secoué le pays à cette époque-là, conduisant implicitement à son abandon. Le PDI de 2017 dont il est question ici ambitionne de sortir le Cameroun de son économie primaire dominante de l'heure et de la propulser vers une économie de transformation manufacturière sur tous les plans dans l'optique de son émergence économique. L'espoir est de voir la contribution du secteur industriel au produit intérieur brut (PIB) passer de 13 % actuellement à 24 % à l'horizon 2035.

Toutefois, force est de constater que depuis l'indépendance du pays en 1960, c'est sur l'agriculture que repose la formation du PIB avec un apport de l'ordre de 60 %. Par ailleurs, on constate que l'industrie ne s'est pas suffisamment positionnée comme un levier majeur du développement du secteur rural. Par conséquent, un PDI qui ne peut pas sortir le Cameroun de l'agriculture de subsistance et d'exportation pour en faire une « agriculture d'entreprise » (Dugué, Brossier, 2007) risque fort de ne pas combler les attentes du pays en termes d'émergence à l'horizon 2035. C'est l'hypothèse principale sur laquelle s'appuie cette contribution. Elle se donne pour préoccupation majeure de dégager les liens qui s'établiront dans l'avenir entre l'agriculture de subsistance et l'industrie à travers le PDI et les résultats économiques majeurs qui s'en dégageront. Dans cette optique, on sera en mesure de dévoiler les insuffisances observées lors de l'élaboration du PDI, accompagnées de suggestions nécessaires, en s'appuyant sur les réalités des pratiques agricoles en cours dans le pays. En effet, dans son discours à la nation, le 31 décembre 2014, le Chef de l'État disait en substance : « Même notre agriculture, dont j'aime à dire qu'elle est notre principale richesse, a vocation, elle aussi, à devenir industrielle ».

Sur le plan méthodologique, cette réflexion est surtout enracinée dans la recherche documentaire ou l'exploitation des données secondaires et empiriques sur l'agriculture paysanne. Elle s'est aussi appuyée sur la théorie économique du comportement adaptatif (Chia, Petit, Brossier, 2014) stipulant que tout corollaire à la production, à l'exemple de l'industrialisation, devrait être en mesure de susciter chez les acteurs concernés de nouveaux comportements qui leur permettraient de s'adapter à d'autres manières de mieux produire que dans le passé. Ainsi, l'industrialisation, qu'il faut associer à la production agricole, et surtout à l'agriculture familiale, doit jouer ce rôle de changement de comportement des paysans dans la production agricole. Cette théorie est donc profondément ancrée dans la réflexion que nous proposons dans le présent article. Pour la mener, nous présenterons d'abord l'option prise par le PDI d'industrialiser l'agriculture camerounaise. À la suite de ce regard, nous relèverons un certain nombre de correctifs susceptibles de rendre cette option plus opérationnelle en milieu rural camerounais.

I. L'option du PDI : industrialiser l'agriculture par le biais des technopôles agroindustriels

Le PDI de 2017 a opté pour deux choix stratégiques afin d'arrimer l'industrialisation à l'agriculture, à savoir le développement agroindustriel (Rapport final PDI, 2017, p. 54) et l'accroissement significatif de la transformation des produits agricoles (Rapport final, *op. cit.*, p. 92).

S'agissant du développement agro-industriel, six plans agroindustriels structurants ont été retenus : le Plan coton, le Plan cacao-café, le Plan huile de palme, le Plan sucre, le Plan caoutchouc, le Plan riz. Quant à l'accroissement du taux significatif de transformation des produits agricoles, ce volet privilégiera les céréales (riz, maïs, sorgho), les oléagineux (coton, noix, soja), les fruits (ananas, banane plantain), les racines et tubercules (manioc, pomme de terre), les plantes stimulantes (cacao, café) et la canne à sucre. Dans cette logique, le Cameroun pourra devenir le « nourricier de l'Afrique Centrale et du Nigéria » (Rapport final, *op. cit*, p. 53). Dans l'un ou l'autre cas, le PDI a opté pour la création des technopôles agroindustriels (Rapport final, *op. cit.*, p. 54), afin d'atteindre des résultats les plus performants en matière de production agricole de part et d'autre.

Selon la Loi N° 2013/011 du 16 décembre 2013 régissant les zones économiques en République du Cameroun, une technopole est un « pôle d'activités associant, sur le même espace géographique ou des espaces liés, des unités industrielles, des centres de recherche appliquée et des universités et/ou institutions spécialisées dans la formation ». Ainsi défini, dans une technopole, la matière grise ou l'intellect est au centre du système de production. Il faut passer par elle pour atteindre le meilleur accroissement de la production agricole possible avec finalement, la création des industries. Cette matière grise provient des centres de recherche, des universités et institutions spécialisées dans le choix des acteurs impliqués dans la production. Dans ce cas, une synergie d'action doit s'établir entre les structures produisant la matière grise et les acteurs de terrain. Les technopoles sont donc à la fois des parcs technologiques et scientifiques qui œuvreront dans l'optique de l'émergence du pays à l'horizon 2035, à la dynamique de la production agro-industrielle et vivrière. C'est le choix opéré à terme par le PDI.

Dans une étude réalisée sur les technologies agroalimentaires au Maghreb, Rigar et Bencharif (2009) évoquent les facteurs du succès des technopoles, lesquels reposent sur trois principaux pôles : le pôle technologique, l'économique, le sociétal (*cf.* figure 1).

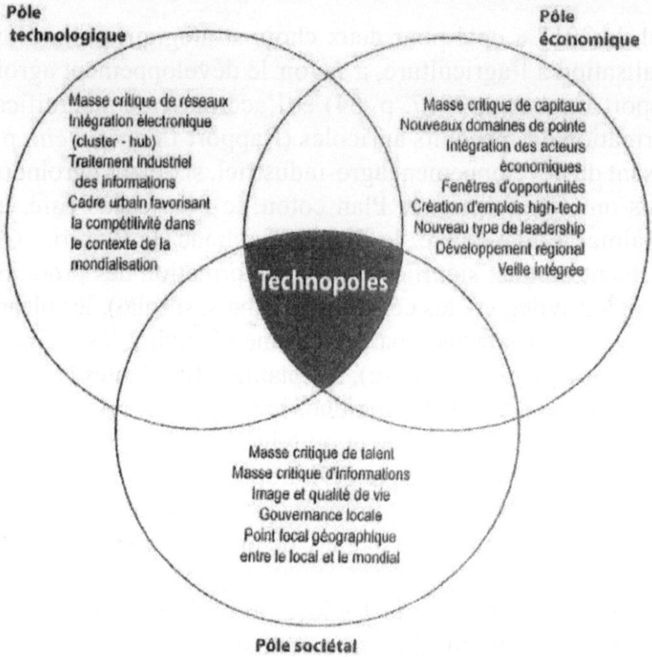

Figure 1 *: Les facteurs clés de succès des technopoles*
Source : Rigar, Bencharif, 2009 ; Adaptation www.michel.com, 2003

S'appuyant sur les résultats de cette étude, les éléments qui caractérisent chacun de ces pôles montrent à suffisance que la matière grise seule ne suffit plus pour insuffler la dynamique à une technopole comme nous l'avons précédemment évoqué. D'autres éléments non moins négligeables s'y ajoutent qui dévoilent bel et bien que la création des technopoles est intimement liée au niveau du développement socio-économique et culturel d'un pays. C'est certainement ce qui justifie aujourd'hui leur faible présence dans la majorité des pays en développement tels ceux de l'Afrique avec un potentiel de 2 % seulement contre 60 % pour l'Europe.

Même l'Amérique du Nord (7 %) est encore très peu engagée dans la création des technopoles, à côté de l'Asie Pacifique (14 %) (*cf.* figure 2).

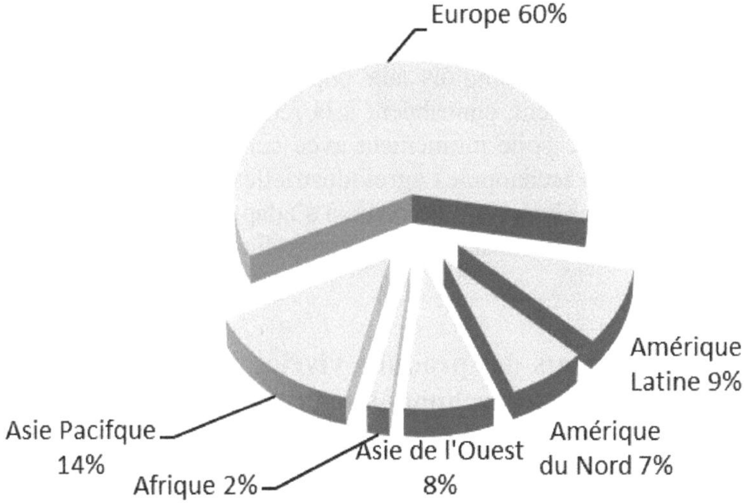

Figure 2 *: Répartition des technopoles dans le monde*
Source : Rigar, Bencharif, 2009 ; Adaptation www.michel.com, 2003

En s'appuyant sur ces réalités d'ailleurs, et bien que le rêve soit permis, nous pouvons oser remettre en cause le choix porté par le PDI de 2017 sur les technopôles agroindustriels pour accompagner l'industrialisation de l'agriculture. D'autres passerelles, nous semble-t-il, étaient plus adaptées aux réalités actuelles du contexte socio-économique et culturel du pays, car à notre avis, c'est sur l'agriculture pratiquée par la majorité des Camerounais, à savoir l'agriculture de subsistance, que devaient reposer les stratégies à opérer en termes d'accroissement de la production agricole. Celle-ci occupe 60 % de la population active du pays et porte de plus en plus un caractère marchand aujourd'hui. Ainsi, la vente des produits vivriers prospère désormais, non seulement dans les marchés urbains nationaux, mais également dans ceux des pays limitrophes, notamment le Nigéria, la Guinée Équatoriale et le Gabon.

Quant à l'agro-industrialisation, elle se situe encore dans notre pays dans l'économie de prédation, car elle nourrit davantage les intérêts étrangers que nationaux, dès lors qu'elle est orientée vers l'exportation brute des produits agricoles de rente. Cependant, les exploitations agricoles familiales qui contribuent au développement endogène du pays sont encore délaissées en matière d'investissements devant accroître le taux de production agricole. En Afrique subsaharienne, la proportion des exploitations agricoles familiales est de l'ordre de 75 % du total des exploitations agricoles (Cirad, 2013), et ce sont elles qui forment la cheville ouvrière de la sécurité alimentaire du continent (*ibidem*). En milieu rural, ce sont elles qui procurent des emplois aux populations (Alpha, Castallanet, 2007) et, par conséquent, contribuent à la réduction de la pauvreté. La réalité camerounaise colle intimement avec celle du reste de l'Afrique subsaharienne. Les technopoles agroindustrielles, dans leur conception initiale, éprouveront beaucoup de peine à s'adapter à l'agriculture familiale qui se pratique encore sur de petites superficies avec des rendements encore faibles.

II. Des rendements des produits vivriers encore faibles pour pouvoir porter les technopôles agroindustriels

Tant au niveau national que régional, les rendements de produits vivriers restent globalement faibles (*cf.* tableau 1) et sont donc encore bien loin de pouvoir supporter une activité de production industrielle en rapport avec les technopoles. Seuls la banane plantain, la pomme et le manioc suscitent de légers espoirs en la matière. C'est surtout au niveau régional où ont été créés les technopôles agroindustriels que la situation est beaucoup plus préoccupante comme dans le Centre, l'Adamaoua, le Littoral où les universités et les centres de recherche sont actuellement plus visibles.

Tableau 1 *: Rendements (Tonne à l'hectare) des produits vivriers retenus par le PDI en 2015*

Régions	Maïs	Riz	Mil	Manioc	Pomme de terre	Banane plantain
Adamaoua	1,27	1,83	1,11	16,54	8,30	11,70
Centre	1,80	9,69	ND	14,43	26,5	17,62
Est	1,80	1,11	ND	16,91	ND	8,79
Extrême-Nord	1,80	1,11	1,11	26,76	10,61	ND
Littoral	1,80	1,13	ND	14,53	20,23	22,75
Nord	1,80	2,29	1,11	14,42	10,56	192,2
Nord-Ouest	1,80	1,11	1,11	14,43	10,56	18,80
Ouest	1,80	1,11	ND	14,43	19,27	17,02
Sud	1,80	1,11	ND	14,43	10,73	11,26
Sud-Ouest	1,80	1,11	ND	14,43	10,57	15,35
Cameroun	1,74	2,16	1,11	17,58	12, 73	56,85

Source : MINADER/DESA, 2016 (ND : Non déterminé)

Cette faiblesse des rendements se justifie par le manque d'utilisation des intrants, la dégradation continuelle de la fertilité des sols comme dans le Littoral où la pression démographique s'observe de plus en plus dans le Moungo, alors que les sols fertiles du Nkam ne sont pas suffisamment mis en valeur. Dans le Centre, l'Ouest et l'Extrême-Nord, le poids démographique cause aussi des déboires à la fertilité des sols. L'amélioration quantitative de ces rendements ne peut être soutenue qu'à travers l'accroissement de la productivité du travail des actifs agricoles. Cette dernière passe impérativement par la mécanisation du secteur agricole vivrier qui « constituera un facteur-clé de la satisfaction des besoins alimentaires des populations dans un environnement international marqué par une instabilité des prix des produits alimentaires sur le marché international rendant le recours aux importations de plus en plus onéreux et incertain » (Side, 2013, p. 1). L'expérimentation de la mécanisation du secteur agricole vivrier s'appuiera en priorité sur les exploitations agricoles familiales, compte tenu du rôle prépondérant qu'elles jouent dans l'ensemble de la production agricole vivrière nationale et pour aider les paysans à sortir de l'éternel joug du travail manuel.

III. La mécanisation des exploitations agricoles familiales : la priorité de l'heure pour la dynamique de l'agriculture camerounaise

La mécanisation en agriculture signifie passer de l'utilisation de l'énergie humaine à l'énergie mécanique dans toutes les étapes de la production. Clarke et Bishop (2002) confirment que l'énergie humaine domine encore dans la pratique des activités agricoles en Afrique Noire avec un taux de 65 % contre 25 % pour l'énergie animale et seulement 10 % pour l'énergie mécanique. L'Afrique Centrale bat le record en la matière avec 85 % des paysans qui continuent de cultiver manuellement les terres.

L'enjeu actuel pour notre pays est donc de passer d'abord le cap de l'utilisation de l'énergie humaine avant d'envisager de se lancer dans l'implantation de technopoles agro-industrielles. Ce constat de Clarke et de Bishop devrait pousser les pouvoirs publics à s'engager, sans hésitation, dans la mécanisation, surtout celle des exploitations agricoles familiales centrées sur les produits vivriers. Toutefois, il ne faut pas penser que la mécanisation agricole n'a pas été tentée ici et là en Afrique Noire.

Au Cameroun par exemple, le Centre National d'Études et d'Expérimentation du Machinisme Agricole (CENEEMA) a été créé en 1974 avec l'appui technique de la coopération allemande au moment où le pays voulait s'engager dans la révolution verte[19] avec la création de quatre stations de mécanisation des travaux agricoles à Yaoundé, Garoua, Bambui et Nanga Eboko. Malheureusement, 45 années après, les services techniques de cette structure interrogés avouent que, de manière générale, le taux de mécanisation des exploitations agricoles du pays se situe actuellement à 5 %, le CENEEMA ayant privilégié l'option de l'importation des engins agricoles. Aujourd'hui, ce choix ne permet pas de concrétiser l'engagement pris par le chef de l'État au comice agropastoral d'Ebolowa de 2011, de faire de l'agriculture camerounaise, « une agriculture de seconde génération ». Pour y parvenir, il a invité les acteurs concernés « à s'approprier la mécanisation agricole » et non de créer des technopoles agro-industrielles. Pour passer à l'acte, deux usines de montage des tracteurs ont été créées à Ebolowa et à Douala. À Ebolowa, les tracteurs montés sont aujourd'hui abandonnés dans la broussaille. Et si l'on s'en tient aux réalités actuelles de terrain en matière de production agricole, cette « agriculture de seconde génération » devrait avant tout profiter aux petits producteurs évoluant seuls ou regroupés au sein des coopératives et des organisations paysannes.

De manière générale, en Afrique, Adekunle et Oluwatosin (2015) évoquent les raisons pour justifier la faible mécanisation des exploitations agricoles familiales et qui se rapprochent fort bien du contexte camerounais. Parmi les plus pertinentes, ils insistent sur le fait que « les petites exploitations agricoles familiales disposent, presque par définition, des ressources modestes et il leur est souvent difficile d'investir

---

[19] Adekunle et Oluwatosin évoquent l'histoire de la révolution verte (RV) « Dès les années 1950 et tout au long des années 1960, la RV a provoqué des changements des espèces cultivées et des pratiques agricoles à l'échelle mondiale (Royal Society, 2009). Le modèle de production, initialement axé sur l'introduction, dans des régions à fort potentiel, de variétés de blé, riz et maïs génétiquement améliorées et offrant un meilleur rendement (Hazell, 2008 ; Gollin et *al.*, 2005), avaient comme maître mot l'homogénéité : le choix se portait sur des variétés présentant une uniformité génétique, cultivées à l'aide de volumes importants d'intrants complémentaires sous diverses formes (irrigation, engrais et pesticides), qui remplaçaient souvent des pratiques plus écologiques. Le recours aux engrais est venu remplacer la gestion de la qualité des sols, tandis que les herbicides offraient une alternative aux rotations culturales pour lutter contre les plantes adventices, les parasites et les maladies » (Tilmann, 1998).

dans le matériel agricole… et le manque de sécurité foncière entrave lourdement l'investissement dans l'agriculture, malgré la promulgation des lois et des réglementations édictées en la matière ». Pour sa part, Wang (2013) a associé un certain nombre de facteurs qui bloquent l'accès à la mécanisation par les petits producteurs agricoles (*cf.* figure 3).

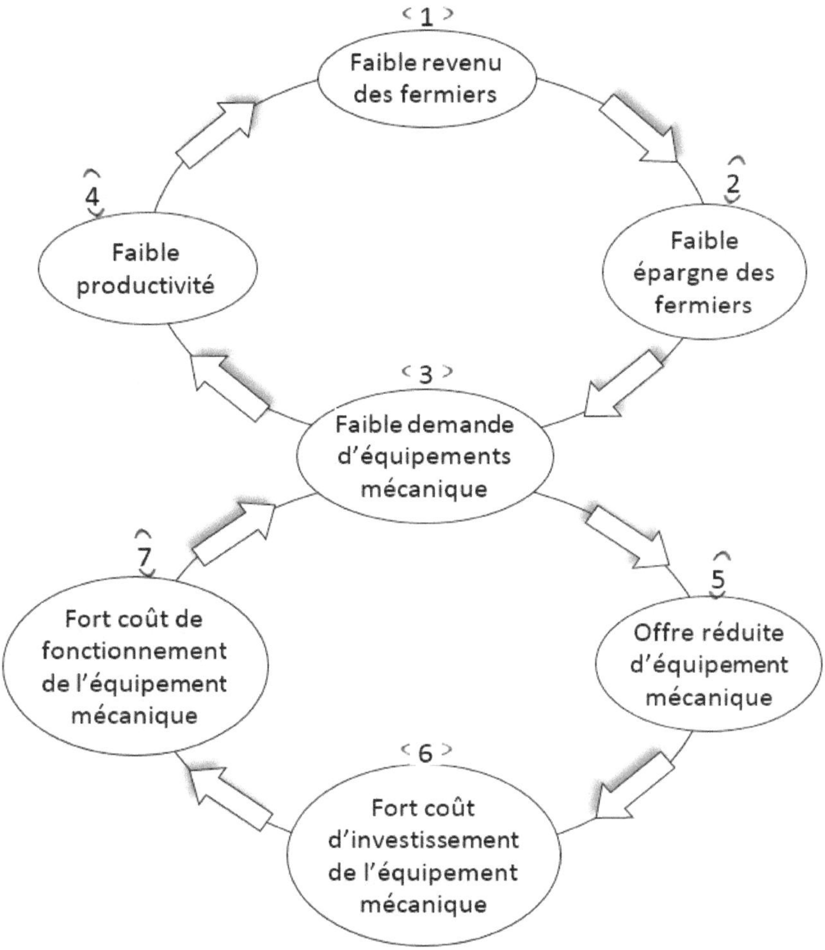

***Figure 3** : Facteurs réduisant la demande et l'offre des machines agricoles*
Source : Wang, FAO, 2013

De son côté, selon Wang (2013), c'est le faible revenu des fermiers (1) qui les empêche d'épargner (2) convenablement dans l'optique d'intégrer la mécanisation agricole (3) au quotidien ; ce qui les contraint à ne réaliser qu'une faible productivité (4). Ces pauvres fermiers vivant dans un contexte de faible demande d'équipement mécanique, du coup l'offre est réduite en la matière (5) et débouche sur des coûts élevés d'acquisition (6) des équipements et aux lourdes charges de fonctionnement (7) pour les opérateurs économiques qui vont tenter leur chance dans la mécanisation agricole. Wang considère ce processus comme le « cercle vicieux » de la mécanisation des exploitations agricoles familiales.

Un autre facteur non moins important est à coller à ce cercle vicieux, « l'illettrisme des petits paysans » (Crossley, Chamen, Kienzle, 2009). Celui-ci les bloque encore psychologiquement à comprendre l'intérêt de la mécanisation agricole. En effet, pour eux, l'appareil de production le mieux intégré dans les mémoires et le plus utilisé est le tracteur destiné aux labours et au transport de la production. Ils ne comprennent pas encore la place des engins qui peuvent intervenir notamment dans les travaux d'ensemencement, de fertilisation, de protection des cultures, de séchage, de conditionnement, pour ne citer que ceux-là. Ils ne sont pas aussi outillés sur le plan technique, dans l'utilisation de ces nouveaux engins agricoles au cas où ils seraient introduits dans la production agricole.

Les difficultés ainsi évoquées interpellent donc, à notre avis et au plus haut point, les pouvoirs publics. Dans pareil contexte, l'une des orientations majeures du PDI aurait plutôt consisté à promouvoir l'industrie de fabrication des machines agricoles à la portée des paysans plutôt que d'adosser la production vivrière aux technopoles agro-industrielles. Des pistes existent pour concrétiser cet autre volet de l'industrialisation de notre pays.

IV. Promouvoir l'industrie locale de fabrication d'outils et machines agricoles à la place des technopôles

La mise en place d'un partenariat public-privé peut être un tremplin dans lequel les entreprises privées, en premier, seront le chef de file en matière de fabrication d'outils et de machines agricoles, en se substituant aux technopôles agroindustriels. À ce sujet, la ressource humaine ne manque pas de nos jours au Cameroun pour concrétiser un tel partenariat. En effet, depuis une vingtaine d'années, les formations en génie industriel sont de plus en plus diversifiées dans les universités d'État et les instituts privés de l'enseignement supérieur et qui déversent, chaque année, de jeunes ingénieurs sur le terrain. Ceux-ci n'attendent que d'être soutenus à la fois par les pouvoirs publics et le secteur privé pour être opérationnels dans un domaine comme celui de la fabrication d'outils et machines agricoles au bénéfice des exploitations agricoles familiales aux fins de relever leur niveau de production. Lesdites productions deviendront automatiquement le maillon essentiel de la redynamisation du vivrier marchand.

Pour concrétiser leur mécanisation, les doléances actuelles des paysans des exploitations agricoles familiales des zones forestières sont surtout orientées vers les équipements destinés aux activités agricoles à poste fixe notamment : le battage, le décorticage, le broyage des grains, le pompage de l'eau. Pour les activités agricoles qui imposent la mobilité, des outils sont recherchés pour le labour et le semis, l'irrigation par aspersion ou au goutte à goutte, l'épandage d'engrais et de produits phytosanitaires. Dans les régions de plaines inondables, de fonds de vallées et des savanes herbeuses, le besoin de la mécanisation attelée motorisée se fait sentir dans les activités de production agricole. Il s'agit donc d'un large éventail d'activités liées à la production agricole paysanne et susceptibles de diversifier la fabrication industrielle locale d'outils et de machines agricoles à petite échelle. Ceci révolutionnera la productivité agricole de ces régions qui demeure encore au stade manuel.

La survie de ces équipements sera conditionnée par l'existence de petites structures de fabrication des pièces détachées pour les besoins de maintenance et de réparation des machines et outils agricoles. Des petites et moyennes entreprises (PME) industrielles seront donc spécialisées en la matière ; autour d'elles on verra inévitablement apparaître de petits ateliers qui vont s'émanciper dans le secteur informel. Ceci contribuera à produire un effet démultiplicateur des activités de production qui tournent autour de la fabrication des outils et des machines agricoles.

En matière de partenariat, les pouvoirs publics peuvent également se tourner vers des pays comme l'Inde, la Chine et le Brésil pour créer localement des industries de fabrication des outils et des machines agricoles. En effet, il est mondialement reconnu que leurs productions en la matière sont mieux « adaptées aux conditions africaines et nettement moins chères que les machines fabriquées en Europe occidentale et en Amérique du Nord » (Adekunle, Oluwatosin, 2015). Par exemple, ils sont très opérationnels dans la fabrication de petits tracteurs à deux ou quatre roues, destinés aux superficies de 2 à 5 hectares des petits exploitants agricoles dont la finalité est de réduire la pénibilité du travail de la préparation du sol en l'occurrence le défrichement et l'essouchage. Les photos ci-après illustrent quelques outils et machines agricoles à la portée des paysans (Side, 2013).

Photo 3 *: Petite charrue pour labour*
© Elong, 2021

Par ailleurs, le renforcement des capacités techniques du CENEEMA dont une nouvelle équipe managériale a été récemment mise en place est le tout premier dispositif sur lequel le PDI aurait dû s'appuyer pour élaborer une stratégie fiable de fabrication d'outils et de machines agricoles adaptés à la production des exploitations agricoles familiales.

En effet, jusqu'à présent, cette société paraétatique s'est contentée d'importer des engins et outils agricoles destinés aux opérations agricoles d'envergure de l'État, des hommes d'affaires et des agro-industries à travers la pratique de la location. L'opinion publique sait bien que ces entités, pour la plupart, ne réglaient pas leurs factures, ce qui a été la principale cause de sa déchéance et de son immobilisme pendant 45 ans. Parfois, les tracteurs loués et qui tombaient en panne dans les exploitations agricoles y étaient abandonnés. Le CENEEMA doit devenir désormais le lieu par excellence de production d'outils et de machines agricoles. Dans cette perspective, des études préalables sont à entreprendre pour la fabrication d'outils et de machines agricoles à petite échelle adaptés aux cinq zones[20] agro-écologiques du pays.

Promouvoir l'industrie de fabrication des outils et machines agricoles est donc avant tout un acte volontariste de l'État. Celui-ci sera confronté, dès son entame, à un certain nombre de difficultés qui nécessitent, à leur tour, des solutions appropriées en termes de mesures d'accompagnement, car, en soi, c'est un processus qui nécessite beaucoup de temps.

V. Quelques mesures d'accompagnement de la mise en place de l'industrie de fabrication des outils et machines agricoles

L'objectif majeur poursuivi par l'industrie de fabrication des outils et machines agricoles à petite échelle est de faire en sorte que la mécanisation des activités de production s'infiltre véritablement dans le quotidien des exploitations agricoles familiales. Dès lors, la question cruciale et lancinante que l'on doit se poser est de savoir si le pouvoir d'achat actuel des paysans pourra leur permettre d'acquérir les outils et les machines agricoles qui sortiront plus tard des industries locales, car « en règle générale, les engins agricoles produits localement sont fort coûteux » (Houmy et *al.*, FAO, 2013) et ne sont donc pas à la portée des petits exploitants agricoles. Pour qu'ils y parviennent, il est avant tout question de s'engager résolument à relever leurs revenus agricoles actuels (*cf.* figure 3) en leur octroyant des facilités lors de la production et la commercialisation de leurs vivres. Ces facilités leur sont fournies par la présence des équipements ruraux en matière d'infrastructures sociocollectives dont le manque les engage dans des dépenses qui réduisent leurs gains agricoles au quotidien. Par ailleurs, le piteux état des liaisons entre

[20] 1. Zone des savanes soudano-sahélienne 2. Zone des hautes savanes guinéennes 3. Zone des hauts plateaux de l'ouest 4. Zone forestière à régime pluviométrique monomodal 5. Zone forestière à régime pluviométrique bimodal.

les campagnes et les villes consommatrices des vivres grève également les produits financiers de leurs ventes.

***Figure 4** : Le relèvement des revenus agricoles des paysans et son impact sur la mécanisation agricole*

Source : Houmy et al., FAO, 2013

Le relèvement actuel des revenus des petits exploitants agricoles, dont les effets positifs sont visibles dans la figure 3, impose obligatoirement à l'État de stimuler la mise en place des filières de production agricoles centrées sur les producteurs des organisations paysannes et des coopéra-

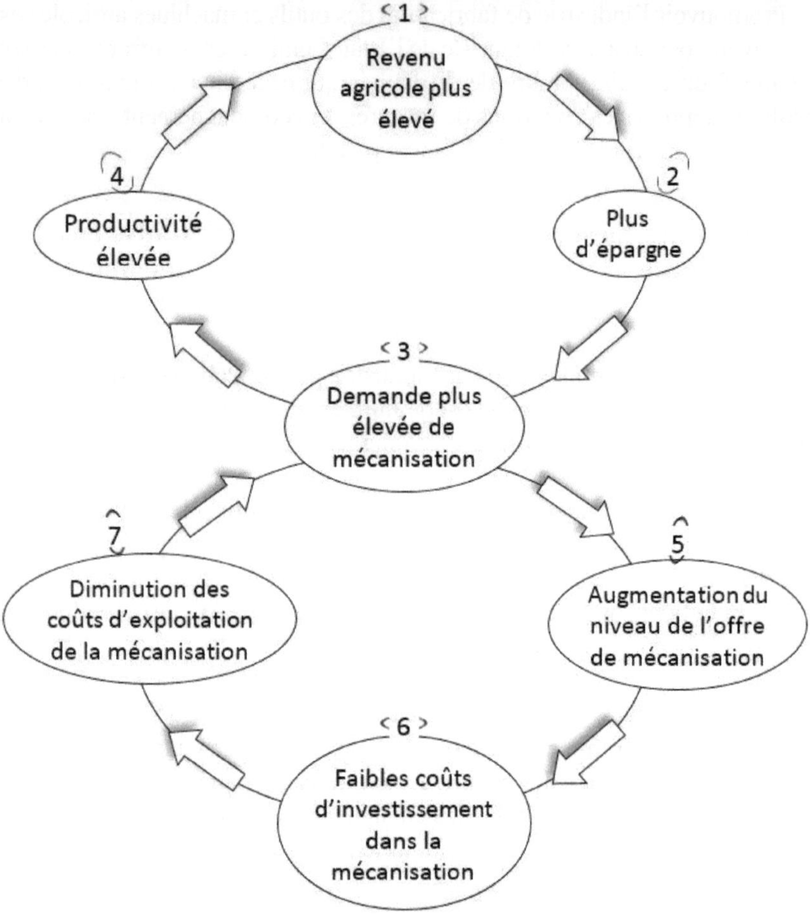

tives, capables de conquérir les marchés nationaux, sous-régionaux et internationaux pour y rechercher des devises. Cela nécessite implicitement une politique incitative des prix des produits agricoles, et un accès plus facile aux intrants agricoles.

À côté du relèvement des revenus des petits exploitants agricoles, l'État doit exiger des banques et structures de microfinances la création de lignes de crédits au bénéfice des petits exploitants agricoles, afin qu'ils accèdent individuellement ou en groupe à l'achat des outils et machines agricoles. À côté de cette préoccupation majeure se greffe celle de la sécurité foncière pour permettre aux petits exploitants agricoles de renforcer leur droit de propriété et surtout d'accroître les surfaces agricoles où évolueront les outils et machines agricoles. Un autre aspect non moins important est d'engager les structures de recherche scientifique à s'associer au secteur privé afin de suggérer aux industries des outils et des machines agricoles les mieux appropriés au contexte socio-économique des petits producteurs. Enfin, l'épineux problème énergétique n'est pas à négliger. En effet, sachant que les petits producteurs agricoles accèderont avec beaucoup de peine à l'achat des carburants dont les prix de consommation ne cesseront de croître, il faut dès lors penser à étendre progressivement l'utilisation de l'énergie solaire en priorité dans les zones rurales de production agricole.

Ces quelques mesures d'accompagnement montrent que, pour le petit producteur agricole, le passage de l'agriculture manuelle à l'agriculture mécanisée se situe absolument dans le temps. Car en toute connaissance de cause, cette transition nécessite au préalable, autant pour l'État que pour le secteur privé, un ensemble d'investissements tant au niveau humain, que matériel et financier à mobiliser dans le moyen et le long terme. Side et Havard (2014) pensent que ce passage « s'étale généralement sur 10 ans pour les plus performants, voire 20 ans pour l'ensemble des agriculteurs d'une filière ou d'une région donnée… avant de produire les premiers effets visibles ». Il faudra donc résolument s'y préparer pour le long terme (Pessis, 2013) en se fixant des horizons à atteindre. C'est avant tout une responsabilité qui incombe aux pouvoirs publics qui ont « un rôle prépondérant dans les stratégies de mécanisation agricole » (Side, Havard, *op. cit.*, 2014). Il était donc important que le PDI de 2017 prenne ce rôle en considération afin qu'il contribue à moyen et long terme à la redynamisation du secteur agricole camerounais.

En suggérant la promotion locale de la fabrication d'outils et de machines agricoles au bénéfice des paysans à la place des technopoles, cela permet à ces derniers de s'arrimer à de nouvelles façons de produire qui vont automatiquement contraster avec les méthodes traditionnelles dans lesquelles règne toujours la pénibilité du travail issue de l'utilisation des instruments rudimentaires comme la houe et la machette. Grâce à cette nouvelle orientation en matière de production agricole par le biais de l'industrie, les paysans changeront automatiquement d'échelle de production afin de satisfaire la demande au-delà du niveau nation actuel. La théorie économique du comportement adaptatif mise en exergue dans cette réflexion trouve en conséquence tout son fondement, car les outils et machines agricoles vont pousser les paysans à adopter de nouveaux comportements dans l'optique de mieux produire que par le passé.

Conclusion

En 2011, selon la FAO, « 500 millions de petites exploitations dans le monde produisent actuellement environ 80 % de notre nourriture et ce sont elles qui auront à supporter le poids de la nécessaire augmentation de plus de 60 % de la production alimentaire qui devra être réalisée en 2050 par rapport au niveau de 2007 ». C'est une interpellation forte de la FAO en direction à la fois des pays riches et davantage des pays pauvres d'apporter des appuis multiformes à leurs petits producteurs agricoles pour le rôle qu'ils jouent et continueront à jouer pour maintenir la sécurité alimentaire mondiale à un niveau fiable. En adhérant au constat de la FAO, la réflexion qui vient d'être menée sur la place que le Plan Directeur d'Industrialisation du Cameroun de 2017 a réservée à la redynamisation du secteur agricole se justifie et arrive à point nommé. Elle a montré à suffisance que le choix porté sur les technopoles pour stimuler la production agricole dans toutes ses composantes ne pourra pas combler les attentes de petits producteurs qui sont au centre de la vie agricole aujourd'hui. Elle a exploré des voies à travers lesquelles le PDI aurait dû s'engager pour implémenter la mécanisation agricole, tant attendue par les petits producteurs à la place des technopôles agro-industriels. Enfin, des mesures d'accompagnement qui pourront rendre la mécanisation effective sont suggérées, même s'il faut de la patience pour que l'État et le secteur privé les mettent en route.

En termes de perspectives et pour la redynamisation du secteur agricole camerounais, les pouvoirs publics sont interpellés à plus d'un titre afin qu'ils s'engagent aussi dans la mise en place d'une industrialisation qui fera en sorte qu'un de ces jours, le petit producteur soit aussi en mesure d'inonder les supermarchés nationaux et internationaux de ses produits agricoles. Ce type d'industrialisation est spécifique en son genre parce qu'il est centré sur la valorisation du potentiel de production des petites exploitations agricoles. Il n'est donc pas trop tard pour que le PDI de 2017 revisite ses objectifs en mettant l'accent sur la production et transformation agricole à petite échelle qui passe à tout prix par la promotion du matériel agricole à la portée des paysans.

Bibliographie

Adekunle Ahmed, Oluwatosin Ariyo, « Mécanisation agricole », Centre International de conférences Abdou Diouf, *Nourrir l'Afrique — Un plan d'action pour la transformation de l'agriculture africaine*, Dakar 21-23 octobre 2015, Groupe de la Banque Africaine de Développement.

Alpha Arlène, Castellanat Christian, 2007. « Défendre les agricultures familiales : lesquelles, pourquoi ? » Résultats des travaux et du séminaire organisé par la Commission Agriculture et Alimentation de Coordination SUD, le 11 décembre 2007, GRET, 88 p.

Baulcombe and al., 2009. Reaping the benefits: science and the sustainable intensification of global agriculture, Report, The Royal Society, p. 72

Bélières Jean-François et *al.*, 2014. « Les agricultures familiales du monde. Définitions, contributions et politiques publiques », CIRAD, AFD.

Chia Eduardo, Petit Michel, Brossier Jacques, 2014. « Théorie du comportement adaptatif et agriculture familiale », p. 81-100, *in* Gasselin Pierre et *al.*, *L'agriculture familiale : travailler, réinventer, transmettre*, éd. EDP Sciences, Coll. « Profil », 382 p.

Clarke Lawrence, Bishop Clare, 2002. "Farm Power - Present and Future Availability in Developing Countries". Agricultural Engineering International: the CIGR Journal of Scientific Research and Development. Invited Overview Paper. Presented at the Special Session on Agricultural Engineering and International Development in the Third Millennium. ASAE Annual International Meeting/CIGR World Congress, July 30, 2002, Chicago, IL. USA. Vol. IV. October, 2002.

Crossley, Peter, Chamen Tim, Kienzle Josef, 2009. "Rural transport and traction enterprises for improved livelihoods", Diversification booklet, N° 10, Rome: Rural Infrastructure and Agro-Industries Division, Food and Agriculture Organization of the United Nations, 92 p.

Dugué Patrick, Brossier Jacques, 2007. « Des politiques pour soutenir l'agriculture familiale » p. 45-57 *in* Gafsi Mohamed, Dugué Patrick, Jamin Jean-Yves, Brossier Jacques, *Exploitations agricoles familiales en Afrique de l'Ouest et du Centre. Enjeux, caractéristiques et éléments de gestion*, Paris, Editions Quæ, 472 p.

Gollin Douglas, Morris Michael, Byerlee Derek, 2005. "Technology Adoption in Intensive Post-Green", *Amer J. Agr Eco*, 87 (5) : 1310-1316, American Agricultural Economics Association.

Hazell Peter B. R., 2008. “An Assessment of the Impact of Agricultural Research in South Asia since the Green Revolution”, Science Council Secretariat, Rome, Italy.

Houmy Karim, Clarke Lawrence J., Ashburner John E., Kienzle Josef, 2013. “Agricultural mechanization in sub-Saharan Africa: Guidelines for preparing a strategy”, Series : Integrated Crop Management, 22 : 1-92.

Liu Ye, Ma Xiaoyuan, Shu Lei, Hancke Gerhard Petrus, Abu-Mahfouz Adnan M., 2020. "From Industry 4.0 to Agriculture 4.0: Current Status, Enabling Technologies, and Research Challenges", *IEEE Transactions on Industrial Informatics*, Vol. 17, No. 6, p. 4322-4334, connection on 08 June 2023, DOI: 10.1109/TII.2020.3003910

Ministère de l’économie, de la planification et de l’aménagement du territoire, 2016. « Stratégie de Développement du secteur rural, 2015-2020 », Rapport, Yaoundé, 160 p.

Ministère des Mines, de l’Industrie et du Développement Technologique, 2017. « Plan Directeur d’Industrialisation du Cameroun. Le Cameroun : usine de la nouvelle Afrique industrielle ! », Rapport final. 127 p.

Rajinipriya Malladi, Nagalakshmaiah Malladi, Robert Mathieu, Elkoun Saïd, 2018. "Importance of agricultural and industrial waste in the field of nanocellulose and recent industrial developments of wood based nanocellulose: a review", *ACS Sustainable Chem. Eng.*, Vol. 6, No. 3, p. 2807-2828, connection on 08 June 2023, DOI: https://doi.org/10.1021/acssuschemeng.7b03437

Rigar Sidi Mohamed, Bencharif Abdelhamid, 2016. « Innovations industrielles et développement territorial durable au Maghreb : une illustration à travers une étude comparative des technopoles du secteur agroalimentaire », p. 113-128, *in* Bensaghir Abdelali Naciri (dir.), *Reconnexion de l’Afrique à l’économie mondiale : défis de la mondialisation*, 224 p.

Side Claude Stéphane, 2013. *Stratégie de mécanisation de l’agriculture familiale en Afrique Subsaharienne. Inclus Étude de cas du Burkina Faso*, Mémoire de Master, spécialité, Innovations et politiques pour une alimentation durable (IPAD), SupAgro, CIRAD, AFD, 106 p.

Tilmann David, 1998. “The greening of the green revolution”, *Nature*, 396:211-212. DO110.1038/24254

Wang M. 2013. *China : Development of farm mechanization and the agricultural machinery industry*, Chapter 6, p. 205-228, *in* Kienzle Josef, Ashburner John E., Sims Brian G., “Mechanization for Rural Development : a reciew of patterns and progress from around the world”, Food and Agriculture Organization of the United Nations (FAO), Series : Integrated Crop Management, Vol. 20, 336 p.

Conclusion générale

Joseph Gabriel Elong
Université de Douala
gelongue49@gmail.com

Consacré à l'analyse de l'industrialisation par le bas comme une autre passerelle pour la construction du développement économique du Cameroun, le présent ouvrage s'est proposé de contribuer à questionner la durabilité de la construction du développement économique du Cameroun par l'industrialisation. Au terme de la réflexion, les travaux confirment avec Jacquemot (2018) qu'avec leur basculement dans la croissance économique des pays africains au début des années 2000, le débat sur l'industrialisation a retrouvé un regain d'intérêt, avec notamment la prise de conscience des principaux acteurs de sa nécessité comme passage obligé vers « l'émergence ». En effet, avec le retour des pouvoirs publics dans la planification des politiques de développement, à travers notamment le *Document de Stratégie de Réduction de la Pauvreté* (DSRP), le *Document de Stratégie pour la Croissance et l'Emploi* (DSCE) et la *Stratégie Nationale de Développement 2020-2030* (SND30), opérationnalisé entre autres à travers les projets de construction des infrastructures matérielles, de réformes institutionnelles et de financement du développement des entreprises, l'industrialisation occupe une place centrale dans la nouvelle ingénierie de l'émergence au Cameroun (Khan-Mohammad et Amougou, 2020). Cependant, sur la base des études de cas principalement portées sur le Cameroun l'hypothèse que l'industrialisation par le bas est le socle de l'industrialisation du Cameroun est confirmée. Ces études de cas ont en effet permis de documenter le processus d'industrialisation et de monter le rôle des dynamiques industrielles animées par les acteurs locaux, désormais au cœur de l'industrialisation.

Si des projets étatiques de construction des régions industrielles sont salués avec notamment la mise en place progressive d'une zone industrielle, comme celui en cours de construction autour du port en eau profonde de Kribi au Cameroun, il y a donc de relever les contrastes saisissants entre les processus d'industrialisation et la déterritorialisation des communautés locales. À Kribi, les populations des emprises du port en eau profonde et de sa région industrielle ont vu leurs moyens de subsistance fragilisés et sont aujourd'hui exposées à la précarité. En effet, l'industrialisation de la région de Kribi expose ces communautés locales à plus de contraintes qu'elle ne leur offre des solutions pour améliorer leurs conditions d'existence. Elle leur impose une reconfiguration des systèmes de production, du paysage et des modes de vie. Pourtant, les côtes camerounaises qui regorgent des richesses halieutiques considérables et exploitées entre autres par ces communautés locales qui en ont fait une source de revenus depuis des décennies. Cependant, non seulement cette activité est aujourd'hui fragilisée par l'industrialisation en cours de la région, mais aussi, du fait que cette pêche locale est essentiellement artisanale, elle reste fortement concurrencée par une pêche hauturière structurée, pourtant clandestine et monopolisée par des bâtiments étrangers qui vendent leur production sur des marchés étrangers au détriment du marché local. Dans ce contexte, la durabilité du secteur s'adosserait sur des réformes et mesures qui pourront à terme promouvoir l'appropriation, la production locale de poissons, par une structuration administrative intégrant en bonne place la formation et le développement des projets, l'industrialisation à travers la mise à disposition d'un armement compétitif.

Par ailleurs, en s'appuyant sur l'analyse de la filière élæicole au Cameroun, on note que les populations locales contribuent de façon significative à l'industrialisation par la mise à contribution de leurs savoirs. Des savoirs locaux qui ont servi de ferment au développement d'une forte tradition élæicole dans le pays. Elles sont aidées en cela par l'interprétation nationale des principes et critères *Roudtable Sustainable Palm Oil* (RSPO) en cours et la mise en œuvre du protocole de Nagoya, qui offre des perspectives pour une meilleure exploitation des savoirs locaux dans la perspective de développement durable des territoires élæicoles. C'est ainsi qu'avec la contribution des communautés locales, le processus d'industrialisation de la filière huile de palme a atteint tous les maillons de la chaîne de valeurs du palmier à huile au Cameroun, même s'ils sont loin d'être logés à la même enseigne.

En plus d'être un facteur d'amélioration des conditions de vie de populations, on a bien vu que le secteur de l'élæiculture est aujourd'hui considéré comme un moteur de construction des territoires, notamment dans les zones de production et de transformation. On a pu relever par exemple que la multiplication des presses motorisées a permis une croissance sans précédent de la production de l'huile de palme, avec une amélioration légère, mais significative des conditions et du cadre de vie des populations et l'apparition d'une nouvelle classe d'acteurs agricoles riches dont la fortune provient de ce secteur. L'analyse qui a permis de catégoriser les élæiculteurs montre que les petits producteurs arrivent à produire en moyenne 130 litres d'huile de palme, ce qui fait une source de revenus conséquente. S'agissant du producteur moyen, ils peuvent engranger jusqu'à deux millions de marges nettes par an, alors que les grands producteurs perçoivent jusqu'à douze millions de bénéfice par an. Des revenus conséquents, même s'ils restent faibles comparativement à ceux des producteurs des autres grands bassins de production dans le monde.

À côté du secteur de l'élæiculture dont le rôle est l'amélioration des conditions de vie des populations n'est plus à démontrer, d'autres industries de développement dans d'autres chaînes de valeur apportent une contribution remarquable à la construction des territoires locaux. C'est le cas de la SOSUCAM qui, dans le souci de faire face au déficit énergétique, a développé une stratégie d'autoproduction de l'énergie électrique à travers la cogénération des déchets appelés « bagasse ». Un dispositif de production décentralisée de l'énergie électrique, qui fait partie de l'exploitation optimale du potentiel énergétique existant, et dont le renforcement permettrait d'alimenter durablement les populations de la commune de Mbandjock en énergie électrique.

Par ailleurs, dans les dynamiques de construction des territoires par l'industrialisation, la filière cacao en pleine mutation apporte également une contribution significative. Bien qu'étant encore à une phase artisanale et ouverte sur un marché plus ou moins embryonnaire, cette activité contribue, d'une manière indéniable, à la lutte contre la pauvreté en milieu rural de par les revenus qu'elle génère. En effet, 15 % de la production du cacao est transformée, et l'augmentation du taux de transformation était l'un des objectifs majeurs du Plan de relance de la filière qui fixe un taux de transformation de 40 % à l'horizon 2020[21], même si ce secteur fait face à de nombreux défis, dont celui de la faible disponibilité et le coût élevé des équipements performants de transformation et de l'encadrement des acteurs.

De même, on peut relever la contribution des différents programmes de partenariat soutenus par l'État pour lutter contre la pauvreté des masses rurales à travers l'implication des agro-industries ayant une grande

---

[21] https://www.tresor.economie.gouv.fr/Articles/df25523c-af44-4c0f-8c9b-4154ca4e364a/files/54791643-180f-47ed-859a-cf945a2aa6e0#:~:text=L'augmentation%20du%20taux%20de,2017%20et%2021%25%20en%202018.

expérience dans le secteur agricole, car près de 500 millions de petites exploitations dans le monde produisent environ 80 % de notre nourriture et ce sont elles qui auront à supporter le poids de la nécessaire augmentation de plus de 60 % de la production alimentaire qui devra être réalisée en 2050 par rapport au niveau de 2007 » (FAO, 2011). C'est ainsi que le *Plan Directeur d'Industrialisation du Cameroun* de 2017 a réservé une place importante à la redynamisation du secteur agricole, même s'il est nécessaire que ses objectifs soient révisés en mettant l'accent sur la production et transformation agricole à petite échelle qui passe à tout prix par la promotion du matériel agricole à la portée des paysans.

Les résultats présentés par l'ensemble des travaux qui ont meublé la présente contribution confirment le rôle incontestable de l'industrialisation par le bas, malgré de nombreux blocages, suivant les secteurs. Comme on peut le constater, malgré un accent mis sur la mise en place des technopoles par le Plan Directeur d'Industrialisation du Cameroun de 2017, des initiatives locales d'industrialisation émergent et semblent d'ailleurs occuper une place essentielle dans le processus. La petite industrie, portée par les populations locales devraient, malgré la politique de technopoles, jouer un rôle essentiel pour atteindre les objectifs du Plan Directeur d'Industrialisation du Cameroun qui vise un développement industriel intégré et compétitif, cohérent et compatible avec l'énorme potentiel en ressources du sol et du sous-sol camerounais, du moment où le Cameroun ambitionne ainsi d'accroître la contribution du secteur industriel dans la formation du PIB du pays de 24 % contre 13 % actuellement, afin d'atteindre les objectifs d'émergence à l'horizon 2035. Et pour y arriver, la stratégie est basée sur certaines filières porteuses comme l'agro-industrie, l'énergie et le numérique, avec un accent particulier mis sur la transformation du bois, du coton, des minerais, des hydrocarbures, mais également sur la métallurgie, la sidérurgie, la pétrochimie et la chimie.

Au regard de ce qui précède, la tendance est celle de l'industrialisation durable, qui est celle qui favorise le développement inclusif et durable : inclusif, pour que tous les secteurs de la société puissent participer à l'industrialisation et en bénéficier, et durable, afin que l'environnement soit sauvegardé. Et au cœur de ces dispositifs à construire se trouvent les communautés, les populations locales ou les gens d'en bas. Ceux-là qui portent le secteur artisanal et la petite industrie sur lesquels les stratégies d'industrialisation devraient s'appuyer au regard du nombre et de l'importance qu'ils représentent. On comprend légitimement pourquoi une oreille attentive devrait être prêtée à l'industrialisation par le bas comme une autre passerelle de la construction du développement économique au Cameroun. La mise en place des stratégies d'encadrement viendrait renforcer une industrialisation locale au service des territoires et porteuse de développement durable. Un début de solution relativement à la question que se posait le *symposium sur l'industrialisation au Cameroun* organisé par la Denis & Lenora Foretia Foundation et la Chambre du Commerce, des Mines et de l'Industrie à Yaoundé, le 21 avril 2016 à savoir « Quelle industrialisation pour un développement durable et émergent de l'économie camerounaise à l'horizon 2035 ? ».

Si sur le plan opérationnel l'industrialisation par le bas est incontestablement une voie pour bâtir un secteur industriel encore embryonnaire au Cameroun du fait de sa capacité à transformer les territoires, sur le plan théorique, elle reste à explorer. L'industrialisation par le bas devrait être traitée au sein des dispositifs de développement durable des territoires.

Bibliographie

FAO, 2011. « La situation mondiale de l'alimentation et de l'agriculture 2010-2011. Le rôle des femmes dans l'agriculture : combler le fossé entre les hommes et les femmes pour soutenir le développement », 161 p., consulté le 6 avril 2023. URL: http://www.fao.org/docrep/013/i2050f/i2050f.pdf

Jacquemot Pierre, 2018. « L'industrialisation en Afrique en question : Des désillusions à un nouveau volontarisme », *Afrique contemporaine*, Vol. 2, N° 266, Éditions De Boeck Supérieur, p. 29-53, consulté le 6 avril 2023. DOI 10.3917/afco.266.0029

Khan-Mohammad Guive, Amougou Gérard, 2020. « Industrie et développement au Cameroun : les dynamiques d'un État dans l'« émergence », *Critique internationale*, Vol. 4, N 89, p. 53-74, consulté le 6 avril 2023. URL: https://doi.org/10.3917/crii.089.0056

LISTE DES CONTRIBUTEURS

Dimbo Ndama Jean-Baptiste est spécialiste des territoires insulaires et marginaux et chargé de cours au Département de Géographie à l'Université de Douala.

Elong Joseph Gabriel, géographe ruraliste, HDR Bordeaux 3, est professeur émérite. Ses nombreux travaux de recherche sont centrés sur les questions d'interactions milieux/sociétés et identités territoriales dans les espaces ruraux tropicaux avec un accent particulier accordé au rôle joué par les acteurs associatifs dans la construction du développement rural par le biais de la participation. Il est actuellement conseiller municipal dans sa commune et chargé des questions foncières et d'aménagement urbain.

Epanda Edimo François Arnaud est géographe ruraliste. Il est assistant au Département de Géographie, Université de Yaoundé 1

Kuété Martin, Professeur émérite, est un géomorphologue « pur et dur ». Toutefois, pendant ses 40 années d'enseignement et de recherche, il a diversifié ses travaux scientifiques pour s'arrimer aux différents champs de la géographie physique et bifurquer finalement, autour des années 1990, vers la géographie socio-environnementale et socio-économique, couronnée sur son initiative par la création du Centre de Recherche sur les Hautes Terres (CEREHT) de l'Université de Dschang. On lui doit de nombreuses études socio-économiques et culturelles sur l'environnement du café. Il est le premier Doyen de la Faculté des Lettres et Sciences Humaines de l'Université de Dschang.

Levang Patrice holds a Ph.D in Agricultural economics and he is emeritus Director of Research from IRD/CIFOR. He has published widely in peer-reviewed journals and has more than 30 years of experience in the agricultural sector.

Mendo Nguema Daniela-Priscele est géographe environnementaliste, chercheure associée au Centre d'Études et de Recherche en Espaces, Arts et Humanités (CEREAH) de l'Université de Dschang. Ses recherches portent sur les impacts environnementaux et sociaux, sur la prévention des risques industriels, sur le développement et l'aménagement territorial, et sur le développement durable des communautés.

Ndjogui Thomas-Éric est titulaire d'un DEA en Gestion des ressources naturelles et d'un Doctorat/Ph.D en Géographie de l'Environnement obtenus à l'Université de Yaoundé 1 au Cameroun. Il est Chargé de Cours de Géographie à la Faculté des Lettres et Sciences Humaines de l'Université de Douala. Sa spécialisation est la Géographie de l'environnement. Ses champs d'intérêt de recherche couvrent l'agriculture, l'environnement et le développement local. Spécialiste de l'élæiculture au Cameroun et dans la Communauté Économique des États de l'Afrique Centrale (CEEAC), il est l'auteur de plusieurs travaux sur le palmier à huile.

Nkongho Raymond Ndip holds a Ph.D in Geography with speciality in farming systems / Contract farming from the University of Montpellier III in France. He is currently a Senior Lecturer in the Department of Agronomy and Head of Department of Food Science and Technology in the Faculty of Agriculture and Veterinary Medicine, University of Buea. His research interest is in the area of sustainable agricultural systems of production.

Noubactep Chapgang est titulaire d'un doctorat Ph.D en Géographie obtenu à l'Université de Dschang. Il est chercheur associé au Centre d'Études et de Recherche en Espaces, Arts et Humanités (CEREAH) de l'Université de Dschang et auteur et co-auteur de plusieurs articles universitaires. Ses recherches portent sur les dynamiques sociale et culturelle, l'économie de la mort, le développement local et l'environnement.

Ongue Pezzana Noëlle Georgette est Professeur des Lycées d'enseignement général, diplômé de l'École Normale Supérieure de Yaoundé.

Tchékoté Hervé est Géographe, socioéconomiste, Professeur titulaire au département de Géographie de l'Université de Dschang. Il est chercheur associé au Centre d'Études et de Recherche en Espaces, Arts et Humanités (CEREAH) de l'Université de Dschang et par ailleurs chercheur associé à l'UMR PRODIG. Ses recherches portent sur les questions de dynamiques rurales et sociales, de relations villes/campagnes, de gestion durable des ressources et des territoires, et de périurbanisation.

Tchemtchoua Eléazar, titulaire d'un Doctorat en agronomie tropicale. Enseignant-chercheur à la Faculté d'Agronomie et des Sciences Agricoles (FASA) de l'Université de Dschang, il est, depuis 2014, vulgarisateur au MINADER dans le cadre du projet de capacitation des acteurs de la chaîne de valeur cacao au Cameroun en acronyme "National Cocoa Academy".

Tchouamo Isaac Roger est Professeur titulaire émérite des Universités en Économie et Sociologie Rurales. Président du SCT/CORAF, sa carrière s'est réalisée à la Faculté d'Agronomie et des Sciences Agricoles de l'Université de Dschang et au ministère de la Recherche scientifique et de l'Innovation du Cameroun. Il est auteur/co-auteur de plusieurs ouvrages et articles scientifiques.

Tchuikoua Louis Bernard est Docteur de l'Université Bordeaux 3 et Docteur/Ph.D de l'Université de Douala en Géographie. Il est Enseignant-chercheur et Maître Conférences au département de Géographie à l'École Normale Supérieure de Yaoundé. Il est auteur de plusieurs ouvrages et articles scientifiques. Il s'intéresse aux questions d'environnement et de santé en milieu urbain tropical.

TABLE DES MATIÈRES